MW01708775

LE TR
DE GROUPE

Stratégies d'enseignement pour la classe hétérogène

ELIZABETH G. COHEN
Professeure
Stanford University

Traduction de
Fernand Ouellet, Ph. D.
Université de Sherbrooke

Préfacé par
Michel Pagé, Ph. D.
Université de Montréal

Les Éditions de la Chenelière inc.
MONTRÉAL

Le travail de groupe: stratégies d'enseignement pour la classe hétérogène

Traduit par Fernand Ouellet.

Traduction de: *Designing Groupwork: Strategies for the Heterogeneous Classroom*, Second Edition, d'Elizabeth G. Cohen. © 1994 Teachers College, Columbia University.

© 1994 Les Éditions de la Chenelière inc.

Coordination et révision linguistique: Ginette Gratton
Correction d'épreuves: Madeleine Vincent
Infographie: Pauline Lafontaine
Maquette de la couverture: Norman Lavoie

Données de catalogage avant publication (Canada)

Cohen, Elizabeth G., 1931-

Le travail de groupe: stratégies d'enseignement pour la classe hétérogène

Traduction de la 2e éd. de: Designing groupwork.

Comprend des réf. bibliogr. et un index.

ISBN 2-89310-206-9

1. Enseignement — Travail en équipe. 2. Interaction en éducation. I. Titre.

LB1032. C5614 1994 371.3'95 C94-940478-0

Chenelière

Les Éditions de la Chenelière inc.
215, rue Jean-Talon Est
Montréal (Québec) H2R 1S9
Téléphone: (514) 273-1066
Télécopieur: (514) 276-0324

Tous droits réservés.

Toute reproduction, en tout ou en partie, sous quelque forme et par quelque procédé que ce soit, est interdite sans l'autorisation écrite préalable de l'Éditeur.

ISBN 2-89310-206-9

Dépôt légal: 2e trimestre 1994
Bibliothèque nationale du Québec
Bibliothèque nationale du Canada

Imprimé et relié au Canada par AGMV

2 3 4 5 98 97 96 95

Le générique masculin a été utilisé dans le but d'alléger le texte

REMERCIEMENTS

L'idée de traduire cet ouvrage m'est venue en décembre 1989 lorsque j'ai découvert une forme particulière d'apprentissage en coopération appelée «instruction complexe», lors d'un colloque organisé à Vancouver par Kogila Moodley. Il m'est immédiatement apparu que cette approche pédagogique fournissait des pistes concrètes permettant aux enseignants d'améliorer leur efficacité et de surmonter le sentiment d'impuissance qui peut souvent les envahir dans le contexte difficile de la classe hétérogène. J'ai eu la chance de pouvoir travailler sur le manuscrit de la deuxième édition de l'ouvrage que Mme Cohen a eu l'amabilité de me faire parvenir au fur et à mesure qu'il prenait forme. J'ai également eu le privilège de travailler avec elle à la révision de la traduction française, ce qui a permis d'éliminer plusieurs erreurs. Je tiens à exprimer ma gratitude à deux enseignantes inscrites à la Maîtrise en sciences humaines des religions avec concentration en formation interculturelle, Natania Étienne et Martine Sabourin, qui ont révisé la première version de la traduction et m'ont fait de nombreuses suggestions très pertinentes. Mes remerciements vont aussi à Christiane Bolduc, qui a réalisé la mise en forme finale du manuscrit, et à Marie, mon épouse, qui l'a révisé. Un grand merci enfin à Ginette Gratton, qui a effectué une excellente révision linguistique de l'ouvrage.

Fernand Ouellet

PRÉFACE

Les objectifs visés par la coopération dans l'éducation rejoignent des préoccupations qui sont vives chez les éducateurs d'aujourd'hui. Une de ces préoccupations est de remplacer, aussi souvent que possible, l'enseignement direct à toute la classe et les exercices individuels supervisés par une forme d'apprentissage qui favorise une plus grande activité chez les élèves et leur permet d'aborder des tâches qui stimulent la pensée et la création.

Cette préoccupation est au cœur du mouvement actuel de remise en question de la conception de l'enseignement comme une action directe de l'enseignant sur l'apprenant. Beaucoup d'éducateurs se dirigent vers un modèle interactionniste où l'apprentissage est conçu comme une interaction entre l'apprenant et les environnements d'apprentissage. Les éducateurs qui s'intéressent à la coopération se trouvent parmi les adeptes de cette seconde conception. Ils observent que, dans des conditions favorables, l'interaction entre les apprenants travaillant en équipe accroît leur implication. Dans ces situations, les élèves sont davantage responsables de ce qu'ils ont à faire, ils doivent s'organiser par eux-mêmes et confronter leurs points de vue, leurs façons de faire, afin d'arriver à la meilleure réalisation possible.

La coopération rejoint une autre préoccupation des éducateurs: celle d'atténuer les écarts et les inégalités entre les individus dans la réussite scolaire. Les éducateurs sont les premiers à constater que leurs capacités sont vite épuisées par leurs efforts en vue de tenir compte de toutes les disparités, notamment dans les milieux pluriethniques où la diversité est plus grande, et dans les classes qui intègrent des élèves en difficulté d'apprentissage ou d'adaptation. Le système éducatif lui-même semble avoir atteint ses limites dans l'individualisation de l'enseignement par l'ajout d'aides à l'enseignant et par la diminution des ratios. Elizabeth Cohen nous convie à utiliser la coopération comme un moyen pour compenser les inévitables disparités entre les individus dans les groupes scolaires. C'est à cette fin que la conception de la coopération proposée dans son livre inclut le tutorat par les pairs, qui est une formule d'entraide connue depuis fort longtemps. Elle privilégie aussi un usage plus élaboré de la coopération dans des tâches qui exigent la contribution de tous les membres d'un petit groupe. Il y a un grand nombre d'activités scolaires qui peuvent être réalisées grâce au travail coopératif. Les élèves peuvent recevoir une formation à la coopération, où ils apprendront à contribuer à une tâche commune et à s'entraider mutuellement. Dans les groupes hétérogènes, les responsabilités sont attribuées de telle façon que chacun est appelé à faire quelque chose pour l'équipe. C'est la préoccupation centrale de l'auteure que de montrer, après de nombreuses années de recherche en laboratoire et en classe, comment le travail en petit groupe peut être exploité pour pallier les inégalités de statut qui entraînent une participation inégale à la tâche et une moindre réussite scolaire.

Les éducateurs d'aujourd'hui ont aussi la préoccupation de favoriser les relations positives entre des jeunes qui proviennent de milieux et de communautés différentes, en particulier des communautés ethniques. On sait que les structures de l'organisation sociale ont un effet sur l'établissement de relations harmonieuses entre les personnes appartenant à des communautés différentes. Nombre de recherches montrent que, dans les classes traditionnelles à structure compétitive, la ségrégation ethnique et raciale augmente du début à la fin du cours primaire. À mesure que les élèves avancent dans les degrés scolaires, ils sont de plus en plus portés à fixer sur une base ethnique la démarcation qui distingue leur groupe des autres (Laperrière, 1991). La coopération est un moyen pour atténuer ce phénomène. Ayant l'expérience du travail en coopération avec des camarades de classe de différentes origines ethniques, les élèves en viennent à considérer davantage les qualités personnelles que l'appartenance ethnique. En offrant des occasions de collaborer pour atteindre des buts communs, l'expérience de la coopération contribue à la création de catégories d'appartenance commune chez des individus qui se situeraient spontanément dans des catégories sociales distinctes, notamment des catégories ethniques. Ces buts communs sont réels, car il s'agit de l'apprentissage de matières scolaires qui sont au-delà des cultures ethniques particulières: les mathématiques, les sciences, la langue commune enseignée dans les programmes scolaires, même les œuvres de littérature, sont des réalités dont l'apprentissage constitue, pour tous, des objectifs communs favorisant l'intégration à des ensembles sociaux qui dépassent les appartenances particulières.

Enfin, la coopération est considérée par plusieurs éducateurs comme une forme d'éducation dont les finalités coïncident avec les exigences de la citoyenneté dans une société démocratique pluraliste. Dans la conception de l'éducation à la démocratie d'Amy Guttman (1987, 1993), le respect de la dignité des autres individus est la disposition sociale prédominante. Le respect rend possible la délibération entre citoyens pour la gestion des conflits, l'établissement de projets collectifs et le choix de valeurs qui contribuent à l'harmonie et la cohésion. La délibération entre citoyens est l'objectif essentiel qu'Amy Guttman assigne à l'éducation à la démocratie pluraliste. Les valeurs communes résultent de la délibération entre citoyens; elles ne sont pas léguées par la tradition ni imposées par l'autorité.

Elizabeth Cohen souligne à quelques reprises que la pratique de la coopération dans l'éducation est une initiation à la vie dans une démocratie pluraliste moderne. Plusieurs aspects de l'expérience de la coopération sont à souligner à cet égard. Ainsi, les élèves apprennent dans la coopération à assumer une marge d'autonomie qui a pour effet de les rendre responsables d'eux-mêmes. En favorisant un apprentissage actif, la coopération contribue à rendre le sujet co-responsable de la construction de son savoir. Pour ce faire, les élèves assument des rôles sociaux qui assurent leur fonctionnement en équipe. La coopération fonctionne lorsque les élèves se considèrent égaux, ce qui ne signifie pas qu'ils se considèrent de capacité égale dans chaque habileté, mais qu'ils ont un droit égal de participer à la tâche et d'apprendre.

Les conflits, les oppositions, la diversité des points de vue est la trame de fond de la coopération. C'en est aussi la force, car elle oblige à régler les conflits entre pairs. La capacité à dialoguer, c'est-à-dire à co-construire un produit ou un aménagement social, se développe dans ce contexte. L'obligation de contribuer à l'élaboration d'un produit commun incite les élèves provenant de groupes sociaux distincts à créer des solidarités qui dépassent leurs appartenances distinctes et à former des groupes sociaux inclusifs.

Pour la contribution qu'il apporte aux grands défis de l'éducation, la parution d'une traduction française de la seconde édition du livre d'Elizabeth Cohen est accueillie avec bonheur. Le livre allie la pratique et la théorie dans une préoccupation didactique constante et un discours parfaitement accessible, celui d'un grand maître qui s'adresse au lecteur comme à un partenaire avec qui on peut partager son enthousiasme, inspiré par une confiance inébranlable dans les capacités des jeunes élèves.

Ses percées théoriques font comprendre le sens de la coopération, qui est abordée sous tous ses angles. Celui de l'autonomie qui est accordée aux élèves dans la planification et l'exécution de leurs tâches, celui de la transformation de leurs rôles par la prise en charge de leur fonctionnement de groupe et celui de l'incitation à agir en complémentarité. Celui encore du rôle du maître qui agit comme planificateur des tâches, pourvoyeur du matériel, observateur, qui donne une rétroaction sur le fonctionnement et qui souligne la participation d'élèves ayant particulièrement besoin d'être encouragés. Tablant sur les résultats de ses recherches les plus récentes, l'auteure apporte des idées nouvelles sur la solution des problèmes de statut en classe, notamment par l'attribution de compétence aux élèves de bas statut et par l'exploitation de tâches faisant appel à des habiletés multiples. L'utilisation du travail en petit groupe dans les classes hétérogènes du premier cycle du secondaire est traitée de façon élaborée; l'auteure aborde notamment les comportements antisociaux qui apparaissent à cet âge et les habiletés que doivent maîtriser les élèves de ce niveau pour réussir le travail de groupe.

L'apport pratique du présent livre est considérable: il enseigne des stratégies pour l'implantation et la supervision du travail d'équipe, en montrant ce qu'il faut faire dans telle et telle circonstance, pourquoi il faut agir ainsi et comment évaluer les résultats obtenus. Les situations de référence privilégiées sont souvent des situations de haute performance cognitive telles que le groupe de discussion et le centre d'apprentissage, mais l'auteure accorde aussi une attention soutenue aux situations qui servent les objectifs d'apprentissage habituels comme la résolution de problèmes de mathématiques et l'étude de la langue maternelle. Les moyens pratiques suggérés sont le fruit d'une longue série de recherches évaluatives réalisées par l'auteure ainsi que d'autres chercheurs importants dans le domaine.

Michel Pagé
Département de psychologie
Université de Montréal

Table des matières

1 Choisir le travail de groupe comme stratégie

«Quand j'étais en formation des maîtres, pourquoi ne m'a-t-on pas dit que les enfants apprennent en parlant et en travaillant ensemble?» demanda une enseignante qui, pour la première fois, faisait travailler des élèves en groupe aux centres d'apprentissage. Avez-vous déjà noté que vous apprenez plus sur les concepts et les idées lorsque vous en parlez et en discutez avec d'autres en les expliquant que lorsque vous écoutez un cours ou lisez un livre? Même si plusieurs d'entre nous savent qu'il en est ainsi dans le monde adulte, très peu d'enseignants permettent aux élèves de parler ensemble en classe. Dans cet ouvrage, on tente d'appliquer ce principe de l'éducation des adultes à des enfants de tous les âges. Si un enseignant veut utiliser une pédagogie active, le travail de groupe constitue, s'il est bien conçu, un outil fort efficace pour fournir des occasions simultanées d'apprendre à tous les membres de la classe.

Les petits groupes ne sont pas une panacée pour tous les problèmes pédagogiques. Ils ne sont qu'un outil utile pour certains objectifs spécifiques d'enseignement; ils sont spécialement pertinents pour les classes où l'on retrouve une grande diversité dans la maîtrise des habiletés scolaires et de la langue d'enseignement. Le choix du travail de groupe comme stratégie pédagogique dépend de ce que l'enseignant cherche à réaliser. La plupart des enseignants voudront utiliser le travail de groupe en conjonction avec diverses autres approches.

LE TRAVAIL DE GROUPE: UNE DÉFINITION

Dans le présent ouvrage, on définit le travail de groupe comme une situation où des élèves travaillent ensemble dans un groupe suffisamment petit pour que chacun puisse participer à la tâche qui lui a été clairement assignée. De plus, on s'attend à ce que les élèves exécutent leur tâche sans la supervision directe et immédiate de l'enseignant. Le travail de groupe est différent du regroupement selon des critères scolaires en vue de former des groupes homogènes. Il faut aussi le distinguer des petits groupes formés pour un enseignement intensif, comme les méthodes de regroupement flexible souvent utilisées dans l'enseignement individualisé de la lecture.

Lorsque les enseignants donnent une tâche aux élèves en leur permettant de faire des erreurs et de se débrouiller par eux-mêmes, ils délèguent leur autorité. C'est une caractéristique clé du travail de groupe. Déléguer l'autorité dans une tâche d'enseignement, c'est rendre les élèves responsables de parties spécifiques de leur travail; les élèves sont libres d'accomplir leur tâche de la façon qu'ils jugent la meilleure, mais ils doivent rendre des comptes à l'enseignant sur le produit final. La délégation de l'autorité n'équivaut pas à une absence de contrôle du processus d'apprentissage; l'enseignant exerce un contrôle par l'évaluation du produit final.

La pratique courante de la supervision directe est le contraire de la délégation de l'autorité. L'enseignant dit aux élèves quelle est leur tâche et comment l'accomplir en exerçant une supervision directe. Il supervise étroitement les élèves pour les empêcher de faire des erreurs et pour corriger ces dernières sur-le-champ.

L'essentiel est de décider qui mène le groupe; si c'est l'enseignant qui mène, c'est lui qui parlera le plus, quels que soient l'âge et la maturité des élèves. Son évaluation aura beaucoup plus de poids que celle de tout autre membre du groupe. Si l'enseignant joue le rôle de superviseur direct de l'activité du groupe, les membres du groupe ne se parleront pas entre eux, mais ils s'adresseront à lui en tant que figure d'autorité qui supervise la performance. Les membres du groupe chercheront à savoir ce que l'enseignant attend d'eux et seront principalement intéressés par ce qu'il pense de leur performance. Même si l'enseignant donne une tâche au groupe mais se tient aux alentours, prêt à intervenir au moindre faux pas ou au moindre signe de confusion, il ne délègue pas l'autorité; il utilise la supervision directe.

Le fait que les membres ont, dans une certaine mesure, besoin les uns des autres pour compléter la tâche et qu'aucun ne peut la faire entièrement par lui-même est une seconde caractéristique du travail de groupe. Les élèves assument une partie de l'enseignement en suggérant aux autres ce qu'ils devraient faire, en écoutant ce qu'ils disent et en décidant de la façon d'accomplir le travail dans les limites de temps et avec les ressources allouées par l'enseignant.

Les élèves d'un groupe communiquent entre eux sur la tâche. Cela peut inclure des actions comme poser des questions, expliquer, faire des suggestions, critiquer, écouter, marquer son accord ou son désaccord ou prendre des décisions conjointes. L'interaction peut également être non verbale: montrer du doigt, indiquer comment faire, acquiescer, froncer les sourcils ou sourire.

Ce processus d'interaction à l'intérieur du groupe suscite un énorme intérêt pour les élèves. Ceux qui ont l'habitude de tout faire, sauf ce qu'on leur demande, s'engagent activement dans leur tâche et y sont maintenus par l'action du groupe. Il y a plusieurs raisons à cela. L'interaction face à face avec d'autres membres du groupe exige une réponse ou un comportement actif. De plus, les élèves attachent une grande importance à l'évaluation de leurs pairs; ils n'aiment pas laisser tomber le groupe et refuser de participer. Enfin, les pairs fournissent une assistance qui prévient la confusion totale quant à la tâche. Car les élèves qui ne travaillent pas à leur tâche sont souvent ceux qui ne comprennent pas ce qu'on leur demande.

Le travail de groupe a un grand potentiel pour l'apprentissage, mais parler et travailler ensemble avec des pairs est la source de toute une série de problèmes. Ni les enfants ni les adultes ne savent de prime abord comment travailler avec succès dans un groupe. La culture nord-américaine en particulier fournit peu d'occasions d'apprendre des habiletés de travail en groupe. Les problèmes peuvent être surmontés par une préparation adéquate de la tâche et des élèves. Le présent volume décrit les problèmes inhérents au travail de groupe et suggère des solutions.

L'ENSEIGNANT CONCEPTEUR

Contrairement à ce que pensent la plupart des praticiens, rien n'est plus pratique qu'une bonne théorie. Les sociologues et les psychologues sociaux ont proposé des théories utiles et ont fait des recherches pertinentes sur les petits groupes en laboratoire et en classe. On peut dégager de ces théories et de ces recherches quelques principes généraux applicables à l'enseignement. Vous pouvez, à l'aide de ces principes, analyser la situation de votre classe ainsi que vos objectifs afin de concevoir le genre de petit groupe qui convient à vos besoins. Ces mêmes principes généraux suggèrent des façons d'évaluer la technique pour savoir si elle fonctionne dans votre classe et quelles améliorations vous pourriez apporter lors de la prochaine expérience.

L'avantage des principes généraux est qu'on peut les utiliser dans toutes les classes, de l'élémentaire au collégial. Il faut simplement adapter le contenu ou l'agencer selon l'âge des élèves et de la nature du contexte. Les principes généraux guident toujours la démarche. Par exemple, la complexité des instructions variera selon l'âge des élèves, et le niveau de difficulté des habiletés requises pour réaliser la tâche dépendra de l'analyse des habiletés que possèdent déjà les élèves. Il y a évidemment, dans les groupes plus jeunes, des problèmes de discipline et de gestion de classe qui ne se posent plus dans les groupes plus âgés. Ces différences peuvent signifier que l'enseignant devra passer plus ou moins de temps à préparer les élèves et que les groupes prendront plus ou moins de temps à terminer la tâche, mais les principes généraux comme la délégation de l'autorité et l'enseignement par les élèves demeurent les mêmes.

L'UTILITÉ DE LA RECHERCHE

Ce livre s'appuie largement sur des recherches visant à appliquer des théories pertinentes au contexte de la classe. Dans certains cas, la théorie et la recherche sont suffisamment solides pour qu'on puisse affirmer avec une certaine confiance que le travail de groupe a des effets positifs sur le comportement des élèves. En tant que professeure en éducation engagée dans la recherche sociologique, j'ai dirigé des recherches sur la classe pendant nombre d'années. Cette recherche a porté sur l'enseignement en équipe, le traitement des problèmes de la classe multiethnique et la gestion du travail de groupe dans la classe hétérogène sur les plans scolaire et linguistique. Plusieurs techniques de travail de groupe ont été mises au point dans des situations de recherche, où elles se sont révélées d'une très grande efficacité. La plus grande partie de notre recherche sur le travail de groupe a été réalisée dans deux types de classes de l'élémentaire: des classes multiethniques et des classes bilingues.

Les théories qui ont démontré leur utilité à l'élémentaire sont maintenant appliquées au premier cycle du secondaire, et des chercheurs tentent d'en évaluer l'efficacité. Cette expérience, même si elle est encore au stade préliminaire, suggère que les principes fondamentaux sont effectivement applicables aux élèves plus âgés. Les enseignants engagés dans cette expérience rapportent le même succès que ceux qui ont utilisé les résultats de recherches présentés dans la première édition de ce livre.

Pendant mes années de recherches sur la classe, j'ai toujours travaillé en étroite collaboration avec des enseignants qui avaient quitté leur travail pour poursuivre des études supérieures. Beaucoup de thèses de ces étudiants comptent parmi les meilleures sources de données qui appuient les théories proposées dans le présent livre. Ces étudiants diplômés ont toujours cherché à rendre la recherche pertinente et pratique pour le travail en classe; ils m'ont stimulée et nous ont donné l'idée de sortir du laboratoire pour entrer dans le monde infiniment plus complexe de la classe.

En tant que responsable de la formation des enseignants du secondaire, j'ai, pendant plusieurs années, utilisé la première édition du présent volume pour les aider à concevoir du travail de groupe pour leurs classes. Certains exemples fournis dans le texte sont empruntés à leurs projets.

LA VALEUR DU TRAVAIL DE GROUPE

Les enseignants expérimentés voudront évidemment savoir si mes assertions sont valables pour leurs propres classes. Ces idées fonctionneront-elles dans tous les contextes? Quels sont les risques d'échec? Les bénéfices sont-ils suffisants pour prendre ces risques et investir un supplément de travail?

Pour être franche, je ne sais pas avec certitude si les principes sont valables dans toutes les conditions. Mais je connais une variété de conditions où les données de la recherche appuient les propositions que j'ai avancées. Les praticiens devraient réfléchir à ce qui peut se passer si ces principes sont appliqués. Il n'est pas possible de fournir à l'enseignant un livre de recettes qui le dégagera de cette responsabilité. Si, d'après lui, cette approche ne semble pas devoir produire de résultats négatifs, il peut valoir la peine d'investir l'effort supplémentaire pour essayer d'atteindre certains objectifs d'enseignement inaccessibles autrement.

2 Pourquoi travailler en groupe?

Le travail de groupe est une technique efficace pour atteindre certains objectifs d'ordre intellectuel et social. C'est une excellente technique pour développer la capacité de résoudre des problèmes en faisant appel à la créativité et aux habiletés d'expression orale. Pour ce qui est des objectifs d'ordre social, le travail de groupe améliore les relations entre élèves en faisant croître la confiance et l'amitié. Il enseigne aux élèves des habiletés de travail en groupe qui pourront être transférées à plusieurs situations à l'école et, dans le monde adulte, au travail. Le travail de groupe constitue également une stratégie qui comporte deux avantages pour résoudre des problèmes courants en classe: il garde les élèves concentrés sur leur travail et permet d'aménager l'enseignement pour qu'il soit à la portée des élèves dont la maîtrise des habiletés scolaires est inégale.

LES OBJECTIFS D'ORDRE INTELLECTUEL

Le travail de groupe peut aider les élèves à faire des apprentissages scolaires, comme dans cet exemple de Geraldo en train d'apprendre le principe du grossissement.

> Geraldo observe les enfants en train de préparer une lentille renfermant une goutte d'eau. «Qu'est-ce que tu vois?» demande Geraldo à un enfant en essayant de regarder à travers la lentille de celui-ci. L'enfant se lève et laisse Geraldo regarder plus attentivement. Puis Geraldo s'empresse de retourner à sa propre tâche de construction d'une lentille. Il semble avoir de la difficulté à coller une pièce de plastique transparent à une fiche blanche perforée au milieu; il colle le plastique sur le ruban plutôt que de le coller sur la carte à l'aide du ruban. «Ah! Zut!» dit Geraldo; il se lève pour voir comment fait une élève pour construire sa lentille. Il retourne à sa place et il est distrait par sa voisine. «Oh, ça grossit!» s'exclame-t-elle. Geraldo se lève et regarde sa lentille. Ensuite, il retourne très vite à sa place et termine sa lentille. Geraldo semble avoir compris ce qui l'empêchait de compléter sa lentille, car il réussit rapidement, sans autres difficultés, à coller ensemble la carte et le plastique. Il tend le

> bras et place le compte-gouttes dans un verre plein d'eau. Il le remplit d'eau avec beaucoup de soin, le place au centre de sa carte et presse une goutte d'eau dans le trou. Apparemment satisfait, il vide le reste de l'eau du compte-gouttes dans le verre. Puis, il prend une pièce de tissu pour l'examiner avec sa lentille. L'eau glisse autour du plastique qui recouvre le carton et il s'écrie: «Ah non!» Il descend sa lentille, étire la pièce de tissu. Il regarde très lentement dans sa lentille et se met à crier: «Oh! Terrible! Oh!» «Qu'est-ce que tu as vu?» demanda l'une des filles. «Regarde comme le mien est devenu gros», dit Geraldo. «Qu'est-ce que tu vas écrire?» lui demande-t-elle? Geraldo regarde de nouveau dans sa lentille et dit: «Ça grossit.» Il prend alors d'autres objets et les examine avec sa lentille. En examinant chaque objet, il hoche la tête et dit «Ouais!». Puis il se dit en lui-même: «Ils grossissent tous.» Regardant la fille à qui il a parlé, il lui demande finalement: «Est-ce que tes objets grossissent aussi?» (Navarrete, 1980, p. 13-14.)

Geraldo a «découvert» le principe du grossissement. Cela n'a pas été facile et il n'aurait jamais réussi sans l'assistance d'un autre élève travaillant sur la même tâche. Le simple fait de pouvoir observer les autres lui a donné des informations importantes. Et le fait de pouvoir en parler semble avoir été encore plus utile. Notez que Geraldo a compris l'idée et qu'il peut l'appliquer à un nouveau contexte. C'est le signe qu'il a véritablement saisi une idée abstraite.

De quelle autre manière Geraldo aurait-il pu apprendre le principe du grossissement? Aurait-il pu le comprendre grâce aux explications de l'enseignant? En lisant sur le sujet? En complétant des exercices individuels? Pour qu'il puisse comprendre quelque chose, le matériel et les cours auraient dû être en anglais et en espagnol, mais Geraldo a de la difficulté à lire dans ces deux langues. Il est peu probable qu'il aurait pu saisir cette idée assez bien pour pouvoir la transférer dans de nouveaux contextes. Dans le contexte où cet enregistrement a été fait, Geraldo avait accès à des instructions en anglais, en espagnol et en représentations pictographiques; il avait également accès à d'autres élèves hispanophones et anglophones et à des enseignantes qui parlaient les deux langues. Le grand avantage de combiner une tâche faisant appel à la manipulation et un travail de groupe est que Geraldo peut utiliser plusieurs ressources, comme un matériel concret pouvant illustrer des idées abstraites et la présence d'autres élèves engagés dans la même tâche. Il peut observer ces derniers; il peut leur poser des questions; il peut discuter avec eux; il peut tenter de leur expliquer des choses; et il peut démontrer ses idées de manière non verbale en utilisant le matériel. Et le plus important, c'est que Geraldo peut essayer lui-même et faire ses propres erreurs. Pas d'adulte qui se précipite pour lui dire quoi faire et pour lui donner une explication verbale qui aurait bien pu empêcher sa découverte.

L'apprentissage conceptuel

Lorsqu'un instructeur a introduit de nouveaux concepts et illustré comment ils s'appliquent, les élèves doivent avoir l'occasion d'utiliser ces nouvelles idées et de les appliquer de diverses manières. C'est aussi vrai pour les étudiants de mon séminaire que cela l'était pour Geraldo, un élève de quatrième année. On atteint traditionnellement ces objectifs par la rédaction de travaux, par des exercices écrits en classe et par l'enseignement à de grands groupes. Pendant les périodes de questions, l'enseignant pose des questions aux élèves et l'un d'eux tente de répondre pendant que le reste de la classe écoute.

Ces techniques présentent des limites évidentes. Il est clair que, pendant la récitation, un seul élève à la fois a accès à la pratique active. Il n'existe aucune donnée indiquant qu'écouter les autres assimiler des concepts nouveaux est aussi profitable que le faire soi-même. Les exercices et les rédactions sont des méthodes universellement utilisées. Pourtant, les élèves faibles et peu motivés sont souvent peu intéressés à faire ces exercices et, s'ils s'y mettent, ils ne les terminent pas toujours. Si l'enseignant donne un travail à faire en classe, ces élèves ne pourront probablement pas rester concentrés sur leur tâche (Berliner *et al.*, 1978). Si l'enseignant donne un travail à la maison, plusieurs élèves ne le feront pas, surtout dans les écoles où le climat n'est pas favorable à l'étude et dans les classes des écoles secondaires regroupant les élèves les plus faibles.

Même pour les élèves du secondaire les plus motivés, la méthode des rédactions et des rapports écrits comporte des limites. L'assimilation et la compréhension de nouveaux concepts et la capacité d'écrire sur le sujet font appel à la fois à des processus cognitifs et à des habiletés d'écriture. Les problèmes d'écriture se combinent aux problèmes de conceptualisation. Prenez par exemple l'élève de biologie du secondaire qui écrit: «Dans le cas de la chlorophylle, la photosynthèse se produira.» L'élève comprend-il que la photosynthèse ne peut pas se produire sans chlorophylle? L'enseignant ne peut que faire des suppositions concernant la compréhension du processus par l'élève. De plus, l'élève ne peut découvrir qu'il s'était trompé avant de recevoir son travail ou son exercice corrigé. Comme le sait tout enseignant surchargé, le délai entre la remise d'un travail et sa réception avec les commentaires appropriés peut malheureusement être très long.

Le travail de groupe peut être plus efficace que les méthodes traditionnelles pour parvenir à la compréhension juste de concepts abstraits. Cela ne veut pas dire que le travail de groupe sera le plus efficace dans toutes les conditions. Pour que le travail de groupe facilite l'apprentissage conceptuel, deux conditions fondamentales sont nécessaires:

- La tâche d'apprentissage doit faire appel à la conceptualisation plutôt qu'à la mémorisation ou à l'application d'une règle.
- Le groupe doit avoir les ressources lui permettant de réussir la tâche qui lui est assignée. Cela inclut les habiletés intellectuelles, le vocabulaire, l'information pertinente et les instructions bien préparées sur la tâche.

Plusieurs tâches scolaires requièrent simplement que l'élève mémorise une matière ou des règles. Après avoir mémorisé une règle, il doit apprendre à quel moment il lui faut appliquer cette règle. La mémorisation de faits et de règles représente une bonne partie des tâches routinières qu'on trouve dans les premières années de l'élémentaire. Ainsi on apprend qu'en anglais il faut laisser tomber le «e» final avant d'ajouter «ing» à un mot. Par contre, la compréhension de texte ou de principes sous-jacents aux opérations mathématiques sont des tâches qui font davantage appel à la pensée conceptuelle. Au secondaire, il y a également plusieurs tâches qui requièrent la mémorisation ou l'application d'une règle. Les élèves mémorisent un certain vocabulaire et certains faits scientifiques ou apprennent à résoudre une série de problèmes mathématiques du même genre à l'aide d'un logarithme ou d'une formule. Par contre, faire des hypothèses sur une expérience de laboratoire ou analyser des structures de phrases sont des tâches conceptuelles.

Il n'y a pas d'avantage particulier à donner une série de calculs de routines à effectuer à un groupe. Les membres réagiront en faisant ce qu'il y a de plus sensé: ils copieront les réponses de l'élève le meilleur et le plus rapide en calcul. La même chose se produira si vous donnez à un groupe un test sur des faits scientifiques ou historiques. Comparez ces tâches avec les suivantes: résoudre un problème de mathématique difficile, découvrir ce qui fait fonctionner une lampe de poche, interpréter un passage littéraire, comprendre le comportement phototropique des plantes, trouver les erreurs de construction grammaticale dans certaines phrases, jouer des événements historiques ou apprendre à faire un graphique. Ce sont là des exemples de tâches conceptuelles qui conviennent très bien au travail de groupe.

Dans les tâches qui font appel à la conceptualisation, les élèves entrent en interaction d'une manière qui les aide à comprendre et à appliquer des idées. Les chercheurs ont démontré que l'interaction du groupe a un effet favorable sur la compréhension des concepts mathématiques. Dans des classes bilingues où les enfants parlaient et travaillaient ensemble sur des tâches conceptuelles en sciences et en mathématiques, plus les enfants interagissaient, plus la moyenne de la classe augmentait lors des tests de mathématiques (Cohen, Lotan et Leechor, 1989).

Comment exactement le fait de parler et de travailler ensemble peut-il favoriser l'apprentissage conceptuel? Pour répondre à cette question, les chercheurs écoutent ce que les élèves se disent les uns aux autres dans les groupes, codent l'interaction et établissent un lien entre les types d'interaction et les progrès dans les tests de performance. Par exemple, Webb (1991) a comparé les résultats de 17 études portant sur des groupes du premier et du deuxième cycle du secondaire où les élèves devaient résoudre ensemble des problèmes de mathématiques. Une des découvertes les plus constantes fut que l'élève qui prenait le temps d'expliquer pas à pas comment résoudre un problème était celui qui bénéficiait le plus de l'expérience du petit groupe. Expliquer un concept dans ses propres mots à des pairs est particulièrement utile pour l'apprentissage conceptuel (Durling et Shick, 1976).

L'élève qui au départ ne comprend pas le concept peut lui aussi bénéficier de l'interaction avec ses pairs. On a démontré que même des enfants de la maternelle peuvent acquérir des concepts très abstraits s'ils sont placés dans des groupes de pairs qui comprennent déjà la notion (Murray, 1972). Plus récemment, Tudge (1990) a trouvé que les élèves dont les résultats montrent un piètre développement cognitif lors du pré-test sur une tâche très difficile en mathématiques ont fait des progrès très significatifs lors du post-test, après avoir travaillé avec un coéquipier qui avait un meilleur développement cognitif. Les groupes peuvent aider l'élève faible d'une autre manière encore. Même si ce dernier est parfaitement capable de discuter et de comprendre les objectifs conceptuels reliés à la tâche, il peut ne pas être capable de lire et de comprendre les instructions. Lorsque des groupes utilisent des fiches d'activité pour travailler à des tâches d'apprentissage par la découverte, ce sont les élèves dont les capacités en lecture sont inférieures à celle du niveau de la classe qui bénéficient le plus de l'interaction de groupe et qui montrent le plus grand progrès dans la compréhension des concepts mathématiques (Leechor, 1988).

Lorsque la tâche du groupe exige la réflexion et la discussion et lorsqu'il y a plusieurs bonnes réponses, tous les membres du groupe bénéficient de l'interaction. Quel que soit leur âge, les gens réussissent mieux à faire face à l'incertitude d'une tâche stimulante s'ils consultent leurs camarades de travail ou de classe que s'ils cherchent à travailler seuls. C'est pour cette raison que la fréquence de l'interaction en relation avec la tâche permet de prédire d'une manière constante l'apprentissage individuel et collectif lorsque les groupes travaillent sur des problèmes selon une pédagogie de la découverte.

Le désaccord et le conflit intellectuel peuvent également être une occasion d'apprentissage conceptuel pour les groupes. Des élèves de sixième année qui ont participé à de longues discussions en petits groupes obtiennent de bien meilleurs résultats à un test de compréhension profonde des perspectives opposées que des groupes d'élèves à qui on a demandé non pas de discuter, mais d'en arriver à un accord sur un sujet controversé (Smith, Johnson et Johnson, 1981). Toutefois, dans cette étude, les élèves engagés dans un conflit conceptuel ont reçu des instructions précises sur la façon de mener une discussion. De plus, ils ont dégagé les arguments «pour et contre» des textes qu'ils avaient à analyser pour ensuite changer de camp et défendre le point de vue opposé, pour en arriver enfin à une synthèse. Johnson et Johnson (1992), qui ont fait beaucoup de travail avec des groupes d'apprentissage coopératif dans les classes, voient le conflit conceptuel résultant de la controverse dans le groupe comme un excellent moyen de forcer les individus à prendre en considération une information nouvelle et d'obtenir un apprentissage cognitif qui pourra être transférée à de nouveaux contextes. Être exposé à divers points de vue en interaction aide les élèves à examiner leur environnement plus objectivement et à utiliser des perspectives différentes de la leur.

En somme, si l'objectif de l'enseignant est l'apprentissage conceptuel, des tâches de groupe structurées peuvent sûrement représenter un atout important. Toutefois, la tâche doit être choisie correctement, et les élèves doivent avoir accès au vocabulaire et aux ressources nécessaires pour tenir un discours intellectuel d'un bon niveau. Une discussion qui ne fait que refléter l'ignorance collective ne sert à rien. De plus, il faut prendre des moyens pour s'assurer que les gens écouteront attentivement les autres, qu'ils se fourniront mutuellement des explications et une rétroaction pour se corriger. Il est peu probable que tout cela puisse se produire par magie; il faut que l'enseignant prépare le terrain par une planification méticuleuse, comme on le verra dans les chapitres 4 et 5.

La résolution des problèmes par la créativité

Ed et Carl (ils ont respectivement huit et sept ans) cherchent à comprendre comment fonctionne une balance à fléau:

Ed: Maintenant [commençons.]

Carl: Pourquoi n'en mets-tu pas quatre de ce côté, et moi j'en mettrai deux de ce côté? (Il montre le premier plateau de Ed.)

Ed: Je vais en mettre cinq de ce côté.

Carl: Non!

Ed: O.K., mais il faut qu'ils s'équilibrent; nous le savons tous, parce que, tu vois... Maintenant, prends-les (enlève les blocs). Tu vois, ça s'équilibre. Maintenant replace-les. Maintenant, n'y touche pas. (Il veut que Carl laisse ses poids en place pendant qu'il change les siens.)

Carl: Je vais en mettre un.

Ed: O.K. Hé! (Ça ne s'équilibre pas.) J'en ai cinq — 1, 2, 3, 4, 5.

Carl: 1, 2, 3, 4, 5. (Ils comptent tous les deux en même temps les poids qu'ils ont déposés sur les plateaux.) Mettons le reste [des poids] sur le bout (le dernier plateau). (Ed s'exécute en silence.)

Ed: Je l'ai. (Il enlève le bloc pour voir si ça s'équilibre, certain que cela va fonctionner.)

Carl: Hé! [Ça marche!] (Marquis et Cooper, 1982)

Voilà un exemple de tâche de résolution de problème faisant appel à la créativité. Au début, aucun des enfants n'a l'information ni les principes fondamentaux exigés par la tâche. Ils recueillent l'information par l'expérimentation et, se stimulant l'un l'autre, cherchent les solutions du problème. Les intuitions et les suggestions de chacun contribuent au succès du duo. En d'autres termes, le groupe a plus de possibilités que la somme de ses parties.

Lorsqu'il travaille à un problème sans réponse claire et pour lequel il n'existe pas de façon standardisée d'arriver à la solution, un groupe peut être plus créatif qu'un individu isolé. Lorsque les membres apportent des idées qui stimulent la pensée des autres membres, le groupe est capable de créer une nouvelle compréhension et de nouvelles représentations du problème qui peuvent conduire à d'excellentes solutions et à l'apprentissage de tous ses membres (Schwartz, Black et Strange, 1991).

L'une des graves critiques dont les programmes scolaires d'aujourd'hui font l'objet est celle de ne pas fournir des expériences de résolution de problèmes faisant appel à la créativité — des expériences comme celle de Ed et Carl. Les problèmes auxquels les adultes doivent faire face dans le contexte du travail et de la vie sociale exigent de toute évidence ce type d'habileté et, pourtant, peu d'adultes les possèdent. Dans la société américaine, qui accorde tant d'importance à la performance individuelle, il faut souligner avec force que la résolution de problèmes se fait souvent mieux par des groupes que par des personnes qui travaillent seules. Pendant plusieurs années, les consultants en administration et les éducateurs ont utilisé les démonstrations développées par Jay Hall (1971) pour enseigner le simple fait que les groupes sont supérieurs aux individus dans la résolution de problèmes faisant appel à la créativité. Hall utilise des tâches comportant des problèmes de survie pour un groupe hypothétique. Par exemple, une activité s'intitule «Lost on the Moon» (Perdus sur la lune). Le groupe doit se servir des idées, des intuitions et des connaissances des membres pour classer des objets selon leur importance pour la survie du groupe. Dans ces travaux, la note du groupe est habituellement supérieure à celle de chaque membre.

Les élèves ont beaucoup à gagner à participer à des groupes de résolution de problèmes faisant appel à la créativité. Ils apprennent les uns des autres, ce qui suscite un haut niveau de conceptualisation, et ils ressentent une authentique fierté intellectuelle lorsque le produit de leur travail est supérieur à ce que chaque membre du groupe aurait pu obtenir seul.

Les habiletés intellectuelles de niveau élevé

Le développement des habiletés intellectuelles est étroitement relié à la compréhension de concepts abstraits et à la créativité dans la résolution de problèmes. Les grandes commissions d'études sur les programmes de sciences humaines, de sciences et de mathématiques insistent maintenant beaucoup sur la capacité des élèves d'aborder d'une manière analytique, critique et créative la résolution de problèmes dans chacune de ces matières. En plus de la lecture et de l'écriture, la National Commission on Social Studies in the Schools (1989) recommande d'intégrer l'observation, les débats, les jeux de rôles ou les simulations, le travail avec des données statistiques et l'utilisation de la pensée critique à l'enseignement des sciences sociales. De même, le projet 2061(1989), présenté par le National Council on Science and Technology Education, recommande fortement que les programmes mettent moins l'accent sur l'étendue de la matière à couvrir que sur des habiletés intellectuelles telles que l'analyse de l'information, la communication des idées scientifiques et le développement des arguments logiques. Les élèves devraient non seulement pouvoir pratiquer ces habiletés à plusieurs reprises et dans des contextes différents, mais on devrait les encourager à le faire. Dans la même veine, le National Council of Teachers of Mathematics (1989) établit des standards pour la réforme de l'enseignement des mathématiques qui incluent la discussion d'idées mathématiques, l'élaboration de conjectures et d'arguments convaincants, l'évaluation de ces conjectures et de ces arguments, le développement, l'analyse et l'explication de procédés de calcul et de techniques d'estimation. Ces appels à la réforme font suite à l'idée que la connaissance apprise par cœur, faisant appel seulement à la mémoire, est insuffisante face aux défis des problèmes sociaux et technologiques modernes. Les futurs adultes ne devraient pas seulement savoir penser et réagir face à des problèmes qui n'ont pas de réponses claires, mais ils devraient aussi savoir communiquer et partager avec d'autres ces processus de pensée.

Le travail de groupe présente une situation idéale pour le développement des habiletés intellectuelles. Les groupes de coopération fournissent aux apprenants l'occasion d'étudier les liens de cause à effet, de faire des hypothèses, de catégoriser, de faire des déductions, de l'induction et de la résolution de problèmes (Solomon, Davidson et Solomon 1992). En comparant l'apprentissage coopératif à l'apprentissage compétitif et individuel, Johnson et Johnson ont trouvé que c'est dans les groupes qu'il y avait le plus souvent des expériences de découverte et d'utilisation de stratégies faisant appel à des raisonnements de haut niveau (1992). Ces deux experts en apprentissage coopératif résument ainsi les résultats de recherches approfondies sur les raisons pour lesquelles la coopération encourage le développement d'habiletés intellectuelles de haut niveau et la capacité de communiquer sa pensée: la discussion dans les groupes donne plus souvent l'occasion de résumer oralement et d'expliquer ce que l'on sait et de discuter sur le sujet; l'apprentissage coopératif favorise le développement d'une plus grande habileté à adopter le point de vue des autres (une habileté importante dans les sciences sociales); dans le cadre du groupe, la pensée de chacun est partagée avec les autres et l'on bénéficie à la fois des idées des autres et de leurs réactions critiques.

L'interaction de groupe est non seulement la manière la plus efficace d'atteindre ces objectifs, mais c'est aussi la plus pratique. Les standards auxquels sont soumis les enseignants de mathématiques ne peuvent être atteints simplement en demandant aux élèves de travailler seuls, car il y a trop de matière à assimiler (Bassarear et Davidson, 1992). Ces deux enseignantes de mathématiques pensent que les élèves peuvent souvent répondre mieux que l'enseignant aux questions des autres élèves. De plus, la discussion permet souvent de découvrir chez les élèves diverses conceptions erronées qui peuvent échapper à l'enseignant.

L'information, la rétention et l'amélioration des compétences de base

L'apprentissage coopératif est également une stratégie efficace pour aider les élèves à comprendre et à conserver l'information ainsi qu'à maîtriser les habiletés de base. Plusieurs chercheurs ont comparé l'efficacité des groupes de coopération à celle des méthodes traditionnelles d'enseignement pour inculquer aux élèves des habiletés mesurées par des tests à choix multiples. En général, on a observé les effets nettement positifs de l'apprentissage coopératif sur la performance (Johnson, Johnson et Maruyama, 1983; Johnson, Maruyama, Johnson, Nelson et Skon, 1981). Cependant, dans certaines études, l'apprentissage coopératif a donné d'aussi bons résultats que les formes traditionnelles d'enseignement (Davidson, 1985; Newman et Thompson, 1987).

Il est important de retenir de ces recherches qu'il y a certaines situations où l'enseignement coopératif est plus efficace que les méthodes traditionnelles d'enseignement. L'efficacité du travail de groupe dépend de facteurs comme le choix de la tâche, la volonté des élèves de s'entraider et leur motivation. Il ne suffit pas de dire aux élèves de se mettre en groupe et d'accomplir des tâches conçues pour améliorer les compétences de base pour assurer des gains dans l'apprentissage.

L'expression orale

Les tâches de coopération sont un excellent instrument pour atteindre encore un autre objectif cognitif — l'apprentissage de la langue et l'amélioration de la communication orale. Dans toutes les situations d'apprentissage linguistique, que ce soit dans les classes bilingues ou pour des élèves d'âge varié qui doivent améliorer leur capacité de communication orale, la pratique active est essentielle. Les récitations et les exercices ont une efficacité limitée, car ils comportent beaucoup moins de pratique qu'un exercice de groupe où les élèves discutent.

Les spécialistes de l'enseignement des langues soutiennent, par exemple, qu'on s'appuie trop sur les exercices structuraux dans l'approche de l'anglais langue seconde. Les enfants apprennent la langue en l'utilisant dans un contexte plus naturel et plus significatif. Si l'enseignant d'une classe dont les élèves ont besoin d'accroître leur maîtrise de l'expression orale met sur pied une série de tâches qui stimulent les enfants à communiquer en utilisant le vocabulaire associé à une tâche intéressante, les possibilités d'apprentissage actif de la langue peuvent être grandement accrues.

Dans une analyse des recherches sur l'acquisition d'une langue seconde dans l'apprentissage coopératif, Mary McGroarty (1989) a obtenu des résultats qui montrent que les élèves font des gains tant dans la compréhension que dans l'utilisation de la langue seconde. Elle a constaté, de plus, que les tâches utilisées dans l'apprentissage coopératif favorisent plusieurs types d'échanges verbaux, si bien que ceux qui parlent le plus couramment ont l'occasion de modifier leur niveau de langage et leurs interactions de manière à être compris par ceux qui parlent le moins couramment. Même lorsque tous les élèves d'un groupe ne maîtrisent pas bien l'anglais, ils se corrigeront mutuellement et tenteront de combler les failles de leur compréhension en répétant ce que disent les autres pour parvenir à un accord.

Cette même conclusion s'applique à l'enseignement des langues étrangères dans les écoles secondaires et aux classes de langues où l'enseignant cherche à développer des habiletés de communication orale. Comparez l'approche traditionnelle, où un étudiant à la fois se lève pour faire une présentation à la classe, à la situation des petits groupes où chaque membre est responsable de communiquer une partie clé de la tâche. Si le groupe doit comprendre ce que chaque membre a à dire pour atteindre son objectif, celui qui parle se fera poser des questions et sera porté à être un communicateur clair. La méthode de groupe fournira à chacun une pratique beaucoup plus active et beaucoup plus pertinente que l'enseignement traditionnel où l'on demande aux élèves de faire à tour de rôle une présentation à toute la classe.

LES OBJECTIFS D'ORDRE SOCIAL

La recherche en sciences sociales a donné des résultats impressionnants qui montrent que, lorsque les gens travaillent ensemble à des objectifs de groupe, plusieurs effets désirables sur les sentiments que les gens éprouvent les uns pour les autres apparaissent. Lorsque le groupe s'engage dans des tâches de coopération, les membres sont plus susceptibles de former des liens d'amitié et de s'influencer les uns les autres que lorsque la tâche stimule la compétition entre les participants (Deutsch, 1968). Les études sur l'apprentissage coopératif en classe présentent des résultats similaires. Lorsque des élèves sont retirés de leur classe et engagés dans une tâche de groupe, ceux qui viennent d'une classe utilisant l'apprentissage en groupe sont beaucoup plus serviables et coopératifs et ont beaucoup moins de comportements négatifs et compétitifs que ceux qui viennent de classes où l'on utilise la pédagogie traditionnelle (Sharan *et al.*, 1984).

Les relations interpersonnelles

Les groupes de coopération sont particulièrement bénéfiques pour développer des relations interethniques harmonieuses. Slavin (1983) a analysé 14 expériences de coopération dans des classes multiethniques. Dans 11 de ces études, un plus grand nombre d'amitiés interethniques sont créées chez les élèves qui ont travaillé dans des groupes de coopération multiethniques que chez ceux qui n'ont pas fait cette expérience. Les résultats obtenus par la méthode de Slavin sont particulièrement frappants; dans cette méthode, les équipes multiethniques reçoivent une note de groupe pour l'ensemble des points obtenus par chacun des membres. Dans son ouvrage sur l'apprentissage coopératif, Slavin conclut que c'est l'interaction positive de haute qualité qui produit l'attraction interpersonnelle; c'est à travers l'interaction que les individus perçoivent leurs similarités par delà les barrières ethniques (Slavin, 1983, chap. 4). Les objectifs et les récompenses de groupe favorisent des interactions de haute qualité qui n'existent habituellement pas dans les classes multiethniques.

Sharan et ses collaborateurs ont examiné les relations des membres de différents groupes ethniques pendant qu'ils travaillent à une tâche commune. Les chercheurs ont comparé les techniques d'apprentissage coopératif comme l'investigation de groupe avec l'enseignement traditionnel à toute la classe; il en est résulté que le travail de groupe produisait plus de coopération par delà les barrières ethniques et moins de comportements compétitifs interethniques (Sharan *et al.*, 1984, p. 73-103; Sharan et Shachar, 1988).

L'enseignant a davantage de relations positives à l'intérieur d'un groupe de coopération que dans un système de compétition ou de récompenses individuelles. Toutefois, même dans des situations de coopération, les élèves ne réussiront pas forcément à créer un sentiment de cohésion dans leur groupe. Les relations interpersonnelles ne sont pas toujours harmonieuses; certains individus dominent parfois complètement l'interaction du groupe. Pour obtenir les bénéfices de la coopération, il est essentiel de préparer les élèves à l'expérience. Les chercheurs et les éducateurs qui travaillent avec des groupes de coopération en classe ont développé des méthodes pour préparer les élèves à travailler en groupe.

La préparation aux rôles d'adultes

De tous les éducateurs qui ont écrit sur les effets favorables des petits groupes en classe, seuls Sharan et Sharan (1976) ont souligné qu'il y a un effet spécial de socialisation lorsqu'un enseignant délègue l'autorité à un groupe d'élèves et lui permet de décider comment il va réaliser la tâche. Sharan et Sharan soutiennent que le fait de permettre aux élèves de prendre eux-mêmes leurs décisions plutôt que de leur dire exactement quoi faire a sur eux un effet de socialisation favorable. Les élèves ont davantage l'impression de contrôler leur environnement et ils s'initient à leur rôle de citoyens actifs (dans un sens collectif plutôt qu'individualiste). Cela constitue un contrepoids par rapport aux méthodes d'organisation de classe où l'enseignant dirige tout et décide de ce que font certains élèves pendant que d'autres demeurent passifs.

Enseigner aux élèves à mener une discussion rationnelle et organisée, à planifier et à réaliser une tâche constitue une autre façon d'utiliser le groupe pour les préparer à leurs rôles d'adultes. Les élèves peuvent acquérir un ensemble d'habiletés qui font souvent défaut aux adultes; ces derniers ne savent pas écouter les autres et travailler avec leurs idées; ils sont souvent plus intéressés à dominer la discussion qu'à y participer. Ces habiletés sont essentielles dans beaucoup d'aspects de la vie professionnelle et sociale adulte; pourtant nous les enseignons rarement dans l'éducation traditionnelle.

Selon Sharan et Sharan, c'est Dewey qui a vu le premier l'importance pour l'élève de participer activement au processus de prise de décision ainsi que d'être capable de penser par lui-même et d'échanger librement ses idées avec les autres (Sharan et Sharan, 1992, p. 2-6). Dewey croyait que l'école «devrait incarner dans son fonctionnement même le processus et les buts d'une société démocratique» (Sharan et Sharan, 1992, p. 4). C'est de cette manière que les élèves pourront se préparer à leur rôle de citoyen adulte d'une démocratie.

UNE SOLUTION AUX PROBLÈMES COURANTS DE LA CLASSE

Du point de vue de l'enseignant, le travail de groupe règle deux problèmes de discipline fort communs. Il permet de résoudre le problème de l'élève faible qu'on voit souvent occupé à tout autre chose qu'à ce qu'il devrait faire. Il règle aussi le problème de ce que l'enseignant devrait faire avec le reste de la classe pendant qu'il travaille intensément avec un groupe. La stratégie typique, dans ce cas, est de donner aux autres élèves des exercices individuels à leur pupitre. Cependant, cette méthode génère toutes sortes de problèmes de discipline. Si le reste de la classe avait été préparé à travailler en groupes indépendants, les enseignants pourraient consacrer plus de temps à donner une instruction directe à un petit groupe.

Le temps véritablement consacré à la tâche

La recherche a amené plusieurs écoles à se préoccuper du temps que les élèves passent effectivement à des tâches d'apprentissage. La question est importante à cause de la relation qu'on a souvent observée entre la quantité de temps que les enfants passent à de véritables activités d'apprentissage en classe et leurs résultats aux tests de performance.

Une des sources principales de perte de temps pour les enfants est l'utilisation de la technique des exercices individuels. La Beginning Teacher Evaluation Study, un travail monumental d'observation en classe et de tests de performance, a révélé qu'en moyenne les élèves de deuxième et de cinquième année passaient au moins 60 p. 100 de leur temps à faire des exercices à leur pupitre (Berliner *et al.*, 1978). Les élèves travaillaient seuls, sans instructions pendant la moitié des cours de lecture et de mathématiques. Dans cette situation, les enfants passaient sensiblement moins de temps à leur tâche que lorsque, par exemple, l'enseignant donnait un cours magistral ou faisait faire une récitation.

Ainsi, les élèves laissés à eux-mêmes font souvent autre chose que ce qu'on leur donne à faire, et ceux qu'on a observés dans l'étude sur les nouveaux enseignants étaient précisément les élèves qui auraient eu grand besoin de travailler: ils n'avaient obtenu que 30 à 60 p. 100 à des tests standardisés. Par ailleurs, quel que soit le niveau de performance des élèves à la rentrée, cette étude a trouvé une corrélation évidente entre le «temps consacré à la tâche» et les résultats aux tests de performance au printemps.

Les études sur les exercices individuels effectués au pupitre prouvent systématiquement que cette méthode produit de plus hauts taux de désengagement que l'enseignement à toute la classe. Même si ces exercices peuvent faire l'objet d'une supervision efficace, ce n'est pas toujours le cas. Les élèves trouvent souvent que les exercices individuels n'ont aucun sens et il arrive qu'ils s'y perdent; ils n'ont parfois pas les ressources pour terminer la tâche adéquatement. Dans une étude portant sur des écoles de type *Title I** (Anderson, 1982), on a demandé à de jeunes enfants ce qu'ils croyaient faire pendant les exercices individuels. Beaucoup d'entre eux ne comprenaient pas le but de l'exercice; tant parmi les forts que parmi les faibles, ils n'avaient pas d'autre désir que celui d'«en finir» avec la tâche. Un groupe d'élèves faibles représentant environ 30 p. 100 des élèves interrogés pensaient que leur tâche n'avait aucun sens.

Une méthode d'organisation de classe où l'on abandonne à lui-même l'élève qui réussit rarement son travail scolaire est sans doute la cause du désengagement qu'on observe chez des élèves faibles qui exécutent des exercices individuels au pupitre. Ces élèves reçoivent très peu d'information sur le but de leur devoir, sur la façon de le terminer avec succès, sur la qualité de leur performance et sur la manière de mieux réussir. Les tâches elles-mêmes sont rarement suffisamment intéressantes pour soutenir l'attention des élèves. Ces derniers laissent tomber la tâche tout simplement parce que rien ne les retient si ce n'est l'obligation de devoir «finir le travail».

Le travail de groupe produit habituellement un comportement plus actif, plus engagé et plus orienté sur la tâche que les exercices individuels. L'interaction avec les autres élèves donne plus de rétroaction à l'élève en difficulté. L'interaction fournit plus d'occasions de révision active de nouveaux concepts pour les élèves, quelle que soit leur performance. Les élèves qui ne peuvent pas lire ou qui ne comprennent pas les instructions peuvent recevoir de l'aide de leurs pairs (comme dans le cas de Geraldo). Si le groupe est responsable de son travail, il y aura de fortes pressions qui empêcheront les membres de dériver hors de la tâche. Enfin, l'interaction avec les pairs est en elle-même énormément stimulante et intéressante pour les élèves. Tous ces facteurs aident à expliquer

* Écoles qui reçoivent une aide spéciale du gouvernement fédéral parce qu'elles accueillent une forte proportion d'élèves de milieux défavorisés (N.D.T.).

des résultats de recherche comme ceux d'Ahmadjan (1980), qui a étudié le cas d'élèves faibles de cinquième et de sixième année. Elle a trouvé un accroissement considérable du temps passé à la tâche par les élèves qui faisaient du travail de groupe comparativement à ceux qui faisaient des exercices individuels.

L'hétérogénéité scolaire

Beaucoup d'enseignants doivent travailler avec des classes d'élèves possédant une maîtrise inégale de la langue et des matières scolaires. Cela est particulièrement caractéristique des écoles des milieux socioéconomiques pauvres. Dans plusieurs régions des États-Unis, on trouve des classes où il y a de larges écarts dans le niveau de maîtrise de l'anglais chez les élèves. Tous les enseignants savent que cela crée d'énormes problèmes. Quel est le niveau d'enseignement approprié? Les élèves à qui il manque des qualifications préalables dans les matières scolaires et en anglais devraient-ils avoir les mêmes tâches que les autres, même s'ils récoltent un échec? Qu'est-ce que l'enseignant devrait faire avec les élèves qui sont capables de suivre le programme pendant qu'il donne aux élèves faibles une attention dont ils ont grand besoin?

Les méthodes le plus souvent utilisées pour tenter de résoudre ces problèmes sont le regroupement des élèves selon la capacité et les exercices individuels au pupitre. Mais il n'y a pas de données de recherche indiquant que le rassemblement des élèves les plus faibles dans des groupes homogènes soit une méthode efficace (Slavin, 1987). Au contraire, les élèves faibles bénéficient de toute évidence des groupes et des classes hétérogènes, où il y a plus de ressources scolaires disponibles pour eux (Dar et Resh, 1986; Kerckhoff, 1986). (Nous avons déjà souligné le problème des exercices individuels au pupitre pour les élèves faibles.)

Recourir aux groupes hétérogènes formés pour utiliser leurs membres comme ressources constitue une stratégie de remplacement. Si deux membres du groupe sont capables de lire, ils peuvent lire les instructions aux autres. Si le groupe doit résoudre un problème de soustraction et qu'un des membres sait comment faire, il pourra le montrer aux autres. Si plusieurs élèves ne parlent que l'espagnol et qu'un élève est parfaitement bilingue, ce dernier peut agir comme interprète.

Cette stratégie permet à l'enseignant de stimuler les élèves intellectuellement plutôt que de dispenser à tous un enseignement correspondant au niveau des élèves les plus faibles. Si on exige de chaque membre du groupe un produit démontrant qu'il a compris, en lui permettant d'utiliser les ressources du groupe pour parvenir à comprendre, l'élève faible ne se retirera pas dans son coin, mais il participera au travail du groupe. Si la tâche est stimulante et intéressante, il s'engagera activement et demandera assistance et explications. En ce qui concerne les élèves avancés, le fait d'expliquer aux autres représente une des meilleures façons de consolider leur propre apprentissage (Webb, 1983).

En résumé, pour des élèves bien préparés, le travail de groupe représente une solution au problème de l'hétérogénité des classes. Si les élèves sont capables d'avoir recours les uns aux autres comme ressources, tous pourront suivre leur programme scolaire et entrer en contact avec du matériel pédagogique complexe. Les élèves qui manquent d'habiletés en lecture, en écriture et en calcul doivent aussi être exposés à des tâches qui exigent la conceptualisation. En même temps, ces élèves peuvent développer leurs compétences de base avec l'assistance de leurs pairs.

3 Éviter les pièges du travail de groupe

Illustrons un problème très courant dans le travail de groupe en visitant une classe fictive, celle de Mme Todd, qui tente pour la première fois d'utiliser le travail de groupe dans sa classe. Elle trouve qu'elle parle trop et elle a décidé de donner à ses élèves plus d'occasions de participer. Elle a donné à sa classe de cinquième année une tâche de groupe en sciences humaines basée sur un chapitre du manuel et sur des questions de compréhension prises dans le livre du maître. La classe est censée avoir déjà lu ce chapitre. Chaque groupe a reçu l'instruction de répondre aux questions en tant que groupe. À la fin de la période, chaque groupe doit remettre une série de réponses qui représentent l'opinion du groupe. Mme Todd craignait que les élèves ne soient mécontents d'être séparés de leurs amis si elle essayait de former elle-même les groupes. Elle leur a donc dit de se regrouper par quatre avec qui ils aimeraient travailler.

Observons la classe 10 minutes après le début du cours. Le travail a déjà commencé; on entend le bourdonnement constructif des voix des élèves engagés dans leur tâche. Tout semble aller très bien; mais, si on fait le tour de la classe, on s'aperçoit qu'une ségrégation naturelle a joué, si bien que les groupes sont composés soit de garçons, soit de filles. Et que se passe-t-il dans le groupe près de la fenêtre? Deux des quatre élèves sont penchés sur le livre. L'un a la feuille de réponses tandis que l'autre tourne les pages pour trouver les réponses. Les deux autres élèves ne travaillent pas du tout à la tâche. L'un d'eux semble terminer un devoir de mathématiques tandis que l'autre regarde dehors en rêvant. Prenons ensuite cet autre groupe à l'arrière de la classe. L'une des filles dit aux autres qu'elle n'a pas eu le temps de lire le chapitre et qu'elle ne peut pas apporter grand-chose au groupe. Une autre dit: «Écoutez, Susanna est la seule qui a des A en sciences humaines; on n'a qu'à écrire ce qu'elle pense. Susanna, dis-nous les réponses et je vais les écrire pour toi.»

Dans un troisième groupe de garçons, près de la porte, Rick dirige tout, il dit aux autres où chercher et, lorsqu'ils trouvent une réponse, il a toujours une meilleure idée. Pis encore, même lorsque son idée est visiblement mauvaise, le groupe l'approuve quand même.

Il y a seulement trois élèves afro-américains dans cette classe majoritairement blanche. (L'école participe à un petit programme volontaire de déségrégation raciale.) Comment se comportent-ils dans les groupes? Deux d'entre eux ne disent pas grand-chose. Leur livre est ouvert et ils semblent intéressés, mais personne ne leur prête attention.

Et comment va la pauvre petite Annie? Personne ne l'a choisie comme membre d'un groupe parce qu'elle n'a pas d'amis dans la classe. Mme Todd nous chuchote qu'elle a dû persuader un des groupes d'accepter Annie et que cela était embarrassant. Annie a la tête appuyée sur le bras et elle ferme les yeux.

Les choses sont en train de se gâter. Dans un autre groupe, deux garçons sont sur le point d'en venir aux coups parce qu'ils ne s'entendent pas sur la bonne réponse. Ils semblent moins préoccupés par les sciences humaines que par l'affirmation de leur suprématie. Ce sont deux amis, mais ils se disputent sans cesse. Au moins discutent-ils de la tâche, au contraire de cet autre groupe de garçons dont les membres se sont engagés dans une compétition de tir au poignet. Cela n'est pas trop surprenant si l'on sait que Jimmy est le leader du groupe; il est très faible en lecture et il déteste les sciences humaines.

«Au travail, tout le monde!» s'exclame Mme Todd qui a circulé dans la classe et a vu ce qui se passait. «Encore cinq minutes!» dit-elle, même s'il reste encore une demi-heure avant la fin du cours. Nous décidons qu'il vaut mieux que nous partions. Mme Todd a l'air mal à l'aise d'avoir des visiteurs, car ce qui arrive lui déplaît.

Pourquoi l'expérience de Mme Todd a-t-elle eu des résultats négatifs? Cette situation soulève plusieurs questions sur le fonctionnement des petits groupes. Pourquoi les élèves permettent-ils à un membre du groupe de faire tout le travail et de prendre toutes les décisions? On peut le comprendre dans le cas de Susanna, qui est une étudiante très forte, mais que penser du groupe de Rick? Les élèves suivent les idées de Rick même s'ils doivent bien se douter qu'il a tort — il ne fait que parler plus fort que les autres. Dans le cas de Rick et de Jimmy (le fomenteur de troubles en classe et le héros à la cour de récréation), des deux élèves qui se disputent et veulent à tout prix avoir raison, et de la petite Annie qui n'a pas d'amis, les rivalités et les amitiés des groupes de jeux semblent avoir envahi les groupes de classe. Pourquoi les élèves ne sont-ils pas plus gentils les uns envers les autres? Pourquoi ne sont-ils pas conscients des sentiments que doivent éprouver ces Afro-Américains qui n'ont pas la chance de s'exprimer? Pourquoi ne voient-ils pas qu'Annie est sur le point de pleurer? Une chose est claire: l'enseignant qui, attiré par le travail de groupe comme contexte d'apprentissage démocratique et créatif, s'y engage sans préparation a de bonnes chances d'éprouver des difficultés dans l'expérimentation de ces nouvelles méthodes. Même s'il est probable que les résultats ne seront pas aussi décevants que dans la classe de Mme Todd, l'observation attentive de n'importe quelle classe utilisant ce type de formation des groupes et ce genre d'instructions révélera des structures de domination, de non-participation et de retrait. De plus, il semble y avoir dans la classe de Mme Todd des problèmes de discipline et de motivation qui ne sont pas apparents lorsqu'elle utilise des méthodes traditionnelles d'enseignement à toute la classe et des exercices individuels bien supervisés.

Certains de ces problèmes de discipline et de motivation sont étroitement reliés à la domination et au manque de participation. D'autres sont dus à la sélection par Mme Todd d'une tâche de groupe inadéquate et à son incapacité de développer chez les élèves les habiletés nécessaires au travail de groupe. Le présent chapitre traite des problèmes de participation inégale et de domination des groupes par certains élèves.

Imaginons que Mme Todd a persisté après son premier essai et qu'à la seconde tentative elle tente de placer dans chaque groupe des élèves de même force. Elle se dit qu'ainsi le travail ne sera pas monopolisé par les élèves qui ont les meilleurs résultats. De plus, cet arrangement a l'avantage de séparer les amis qui s'amusent ensemble plus qu'ils ne travaillent. Cela lui évite le problème de l'isolement social d'Annie et permet la déségrégation des sexes.

Pendant qu'elle circule dans la classe en regardant attentivement ce qui se passe dans les groupes, Mme Todd s'aperçoit que dans la plupart de ses groupes, même si la discipline s'est beaucoup améliorée, il y a un élève qui parle et décide pour les autres et au moins un autre élève qui ne dit presque rien. Encore une fois, les trois élèves afro-américains s'expriment très peu dans leurs groupes respectifs. Dans un groupe au moins, il y a une véritable dispute pour décider quelle opinion sera adoptée par le groupe. Il ne s'agit pas d'une discussion intellectuelle sur la signification du chapitre, mais d'un conflit interpersonnel pour décider qui sera le leader du groupe.

Qu'est-ce qui arrive? Les élèves ont-il la maturité nécessaire pour travailler en groupe? Mais des adultes travaillant en petits groupes présenteront eux aussi des problèmes de domination — ils se disputeront le leadership du groupe et ils participeront d'une manière inégale.

LE COMPORTEMENT DES GROUPES

Les petits groupes de travail ont tendance à développer des hiérarchies dans lesquelles certains membres sont plus actifs et plus influents que d'autres. C'est le phénomène de l'*attribution d'un statut,* ou rang social reconnu par les autres; chacun pense qu'il vaut mieux avoir un rang élevé qu'un rang inférieur dans l'échelle des statuts. Les membres du groupe qui ont un rang élevé sont considérés comme plus compétents et on croit qu'ils font plus pour guider et diriger le groupe.

J'ai étudié plus d'une centaine de groupes de quatre élèves et j'ai rarement trouvé une situation où chaque personne contribue pour un quart à la discussion sur la tâche. Même dans un groupe d'adultes qui ne se connaissent pas et qui ont été choisis pour une étude de laboratoire parce qu'ils sont tous blancs, de sexe masculin et âgés de 19 ou 20 ans, on verra apparaître des inégalités. Lorsque la tâche est terminée, les membres du groupe seront probablement d'accord pour dire que la personne qui a parlé le plus a apporté la contribution la plus importante à la tâche et a eu les meilleures idées, tandis que la personne qui s'est peu exprimée est considérée comme celle qui a fait la contribution la moins importante et qui a apporté le moins de bonnes idées. (Berger, Conner et McKeown, 1969).

La même chose se produit chez les élèves qui n'ont pas été bien préparés à l'apprentissage coopératif. Les élèves peuvent se traiter les uns les autres avec civilité tout en participant d'une manière inégale et en ajustant leur comportement selon le rang de chacun dans l'échelle des statuts. Les éducateurs ou les chercheurs qui élaborent des méthodes d'apprentissage coopératif confondent souvent les problèmes de statut entraînant des attentes différentes de compétence et les problèmes d'hostilité et de méfiance. Les relations d'un groupe peuvent être très amicales et confiantes, tout en témoignant d'écarts de statuts très marqués entre chacun de ses membres, dont certains sont perçus comme beaucoup plus compétents que d'autres.

Le statut d'expert

Si la domination et l'inégalité émergent même dans des groupes dont les membres ont un statut équivalent, il ne faut pas se surprendre de voir apparaître ces phénomènes en classe, dans des groupes d'élèves qui se connaissent bien et qui ont eu des interactions intenses dans un contexte souvent très compétitif. En classe, il est impossible de former des groupes où tous ont un statut égal. Les élèves ont généralement une idée de la compétence relative de chacun de leurs camarades dans les matières importantes comme la lecture et les mathématiques; ils se sont fait cette idée en les écoutant, en entendant l'évaluation que l'enseignant fait de leur performance et en s'informant de leurs résultats. Si on le leur demande, ils peuvent habituellement classer leurs camarades et leurs compagnes sur une échelle de compétence en lecture et en mathématiques, c'est-à-dire sur une *échelle de statut scolaire.*

On peut s'attendre à ce que les élèves qui ont un statut élevé dans une matière scolaire dominent un groupe à qui on donne une tâche dans cette matière — rappelez-vous le groupe de Susanna dans la classe de Mme Todd. Susanna était considérée comme une élève très forte en sciences humaines. Ceux qui semblent posséder une meilleure connaissance du sujet propre à la tâche de groupe sont susceptibles d'avoir une très grande influence sur le groupe. En d'autres termes, ce sont des individus de haut statut. Le statut d'expert est un élément important dans le travail de groupe. Si vous donnez à un groupe une tâche relevant du travail scolaire régulier, il faut vous attendre à ce que le groupe soit dominé par l'élève qui a les meilleures notes dans cette matière. Même si vous pensez avoir choisi des élèves de même force, les membres du groupe feront des distinctions subtiles pour déterminer qui est le meilleur élève du groupe.

Vous pouvez décider, comme enseignant, de tolérer que des experts dominent leurs groupes dans la mesure où ils sont dans la bonne voie concernant la tâche particulière à accomplir. Mais, s'ils sont dans l'erreur, le groupe peut ne pas atteindre l'objectif visé parce que les membres craignent de discuter avec l'expert. De plus, les élèves qui se sentent nettement moins compétents dans le groupe auront tendance à se retirer et à jouer un rôle très passif, apprenant peu de l'expérience.

Le statut scolaire

Supposons maintenant que Mme Todd ne choisisse pas une tâche en sciences humaines tirée du manuel. Elle demande plutôt à ses élèves de jouer au jeu de société «Shoot the Moon» (Allons sur la lune). On a tracé plusieurs chemins vers la lune sur une planche de jeu. Le groupe gagne ou perd le nombre de points inscrits sur chaque carré de la planche, selon l'endroit où tombe le jeton. Le nombre d'espaces que pourra sauter le jeton dépend d'un coup de dé. Le groupe a seulement 14 tours pour que son vaisseau spatial atteigne le but. À chaque tour, les membres du groupe doivent s'entendre sur la route à prendre.

«Shoot the Moon» est un jeu qui n'exige pas d'habiletés scolaires. Il n'y a pas de lien rationnel entre les habiletés en lecture et la capacité de jouer à ce jeu. Pourtant, il y a de fortes chances pour que l'élève qui lit le mieux domine la discussion. Et on peut s'attendre à ce que l'élève faible en lecture soit relativement inactif. La capacité de lecture est une dimension importante du statut scolaire. Et ce statut peut s'étendre à de nouvelles tâches pour lesquelles l'habileté scolaire sur laquelle se fonde l'échelle de statuts n'est pas même requise.

Rosenholz (1985) a démontré que la capacité de lecture peut influer sur le statut d'un élève, dans des groupes qui jouent à «Shoot the Moon». Après avoir demandé à des élèves de cinquième et de sixième année de s'évaluer les uns les autres selon leur capacité de lecture, elle a formé des groupes où il y avait deux élèves considérés comme forts en lecture et deux considérés comme faibles. Ceux qui étaient considérés comme forts ont été plus actifs et plus influents que ceux qui étaient considérés comme faibles. L'influence de l'élève bon en lecture peut donc s'étendre à une tâche où cette capacité n'est aucunement pertinente.

Bien que la capacité de lecture soit une habileté spécifique, relativement mécanique, les élèves (et certains enseignants) la considèrent comme un indice général associé à l'intelligence. C'est ainsi que l'on s'attend à ce que ceux qui sont bons en lecture le soient dans un large éventail de tâches scolaires et que ceux qui sont faibles dans ce domaine le soient également dans beaucoup de tâches scolaires.

La force relative des élèves en lecture est connue de tous dans beaucoup d'écoles élémentaires. Dans la plupart des écoles où Rosenholtz et Wilson (1980) ont fait des recherches, les élèves étaient capables de s'entendre sur le rang respectif de chacun sur une échelle mesurant leur force relative en lecture. Cela signifie que, si vous êtes faible en lecture, vous allez bien sûr vous attendre à avoir des difficultés et que tous vos camarades vont avoir les mêmes attentes! C'est un statut peu enviable, si l'on pense en particulier au nombre d'heures par jour où vous serez prisonniers d'une situation où personne ne s'attend à ce que vous ayez une bonne performance. Même dans les niveaux supérieurs, où la lecture n'est plus une matière scolaire, les élèves arrivent à un accord presque unanime si on leur demande de déterminer qui est le meilleur dans le travail scolaire et qui a le plus de problèmes (Hoffman et Cohen, 1972). Tout comme dans l'étude de Rosenholtz décrite plus haut, Hoffman a constaté que, si on les compare aux élèves considérés comme plus faibles, les élèves considérés comme brillants dans le travail scolaire avaient tendance à dominer même dans un jeu qui n'exige aucune habileté scolaire.

Que se passe-t-il lorsque des petits groupes d'élèves travaillent à des tâches qui réclament, en plus des habiletés scolaires, plusieurs autres habiletés, comme la visualisation spatiale ou le sens théâtral? Dans ce cas, l'élève fort en lecture ou celui qui obtient les meilleurs résultats en mathématiques ou en sciences humaines est vraiment expert pour certaines parties de la tâche, mais il l'est moins pour d'autres. Si nous vivions dans un monde rationnel, nous nous attendrions à voir les élèves agir comme experts pour différentes parties de la tâche.

Cependant, ce n'est *pas* ce qui se produit. Les études sur les groupes travaillant en classe sur des tâches qui exigent plusieurs habiletés révèlent que les élèves qui sont perçus comme bons en mathématiques ou en sciences (Cohen, 1984) ou bons en sciences humaines (Bower, 1989) s'expriment beaucoup plus que les autres élèves à toutes les phases de la tâche. Ceux qui sont perçus comme faibles dans la matière à l'étude s'expriment très peu et leur participation a tendance à être ignorée.

On pourrait argumenter que c'est peut-être parce que les élèves forts sont des individus très capables qui réussissent bien sur une variété de tâches intellectuelles qu'on les écoute plus que les autres. Dembo et McAuliffe (1987) ont démontré clairement que certains élèves sont écoutés parce qu'ils sont perçus comme étant très intelligents et non parce qu'ils possèdent réellement certaines compétences. Ces chercheurs ont fait passer un test bidon de résolution de problèmes et ont étiqueté publiquement certains élèves comme forts. Ces élèves ont été plus actifs et plus influents dans des petits groupes de coopération que ceux qui avaient été étiquetés comme moyens. Il est donc clair que l'habileté scolaire ou intellectuelle, qu'elle soit ou non pertinente pour la tâche, peut autant affecter la participation que l'influence de certains élèves dans des petits groupes.

Le statut parmi les pairs

Retournons pour un moment dans la classe de Mme Todd. Pourquoi certains élèves qui avaient un statut social élevé parmi leurs pairs (comme Rick et Jimmy) dominaient-ils leurs groupes même s'ils n'étaient pas très forts en classe? Et pourquoi Annie, qui n'avait pas d'amis, était-elle inactive dans son groupe? Dans leurs interactions à l'école et hors de l'école, les élèves créent leur propre hiérarchie. Ceux qui ont le plus haut statut parmi leurs pairs ont de bonnes chances de dominer les groupes en classe. Le statut parmi les pairs peut se fonder sur la compétence des élèves dans les sports ou sur leur charme et leur popularité. Les nouveaux venus d'une classe, surtout s'ils ne sont pas compétents dans la langue d'enseignement, ont de bonnes chances d'avoir un bas statut et d'être un participant peu actif. Ainsi, un groupe travaillant en classe peut refléter la hiérarchie de la cours d'école, même si la tâche est d'ordre scolaire et n'a rien à voir avec le jeu et la vie purement sociale.

Le statut social

On trouve dans la classe un autre classement qui affectera la participation de l'élève aux petits groupes. Il y a dans la société des distinctions de statut basées sur la classe sociale, la race, le groupe ethnique et le sexe. Il y a des classifications sociales générales qui font que la plupart des gens, dans les sociétés occidentales, s'accordent pour dire qu'il vaut mieux être un homme blanc appartenant à une classe sociale supérieure qu'une femme noire d'une classe sociale inférieure.

Le statut social, tout comme le statut scolaire et le statut parmi les pairs, peut influencer les comportements dans les petits groupes. Parmi les groupes multiethniques et multiraciaux de garçons du premier cycle du secondaire qui ont joué au jeu «Shoot the moon», les Blancs avaient tendance à être plus influents et plus actifs que les Noirs (Cohen, 1972). Cela s'est produit même si les participants ne se connaissaient pas et se considéraient tous comme de bons élèves à l'école. De même, d'autres études ont montré que les hommes sont plus souvent dominants que les femmes dans les groupes mixtes; et les Anglo-Américains sont souvent plus dominants que les Américains d'origine mexicaine, dont l'apparence est ethniquement distincte (Rosenholtz et Cohen, 1985).

Pourquoi ces différences de statut affectent-elles la participation? Pourquoi certains élèves devraient-ils avoir tant d'influence dans des tâches pour lesquelles ils n'ont aucune compétence spéciale? Pourquoi de nouveaux groupes qui effectuent de nouvelles tâches ont-ils tendance à reproduire les échelles de statuts préexistant chez les élèves? Pour répondre à ces questions et pour pouvoir modifier ces tendances, l'enseignant doit mieux comprendre leur fonctionnement.

LES ATTENTES ET LES PROPHÉTIES AUTOACTUALISANTES

L'idée de *caractéristique de statut* est fondamentale pour comprendre comment fonctionne ce processus. Les caractéristiques de statut sont des particularités inhérentes à chaque élève et dont on se sert pour lui donner une position sur l'échelle des statuts. La race, la classe sociale, le sexe, l'habileté en lecture et la beauté sont des caractéristiques de statut.

Ces caractéristiques de statuts sont liées à des attentes générales de compétence. On s'attend à ce que les individus de haut statut soient plus compétents que ceux de bas statut sur un large éventail de tâches considérées comme importantes. Lorsqu'un enseignant donne une tâche à un groupe d'élèves dont certains ont une position élevée et d'autres une position basse pour l'une ou l'autre des caractéristiques de statut décrites ci-dessus, ces attentes générales entrent en jeu. Elles provoquent l'apparition d'une prédiction qui se confirmera par le fait que ceux qui ont un statut plus élevé obtiennent un rang plus élevé dans l'échelle des statuts qui émerge à la suite de l'interaction du groupe. Ceux qui ont un bas statut finissent par occuper un rang inférieur sur cette même échelle.

Dès le début de l'interaction du groupe, on s'attend à ce que les élèves de haut statut soient plus compétents pour réaliser la nouvelle tâche, et ces élèves eux-mêmes s'attendent à être plus compétents. Ce phénomène est dû aux mécanismes des attentes générales de compétence décrits plus haut. On peut donc présumer qu'ils vont commencer immédiatement à participer.

En ce qui concerne les élèves de bas statut, dont on n'attend pas une contribution importante et qui partagent l'évaluation du groupe, on ne peut pas compter sur une grande participation. Comme les élèves de haut statut continuent de parler, les autres ont tendance à s'adresser à eux et rapidement, l'un d'eux devient la personne la plus influente du groupe. Lorsque l'interaction est terminée, cette personne sera probablement considérée par les membres du groupe comme celle qui a apporté la contribution la plus importante à leur performance. L'échelle de statuts qui ressort de ce travail de groupe apparaît ainsi très semblable à celle qui existait initialement.

Revenons pour un moment au jeu «Shoot the Moon». Une recherche a prouvé que les Blancs avaient plus de chance d'être actifs et influents que les Afro-Américains même dans des groupes où les élèves ne se connaissaient pas (Cohen, 1972). Le groupe a évidemment utilisé la race comme base pour former des attentes de compétence pour le jeu. Comme les personnes noires sont généralement considérées, dans notre culture, comme moins compétentes que les personnes blanches dans les tâches intellectuelles, ces mêmes attentes racistes sont intervenues dans le jeu «Shoot the Moon». Une fois que cela s'est produit, on a pu s'attendre à ce que les Blancs parlent plus et soient plus influents que les Noirs dans les prises de décisions du groupe.

En accord avec la théorie des attentes (Berger, Rosenholtz et Zelditch, 1980), la même chose s'est produite dans le groupe de Rosenholtz avec le jeu Shoot the Moon. Les élèves ont utilisé l'information qu'ils avaient sur le statut scolaire, fondée sur la capacité en lecture, pour organiser leurs attentes de compétences. L'interaction du groupe n'a fait que refléter les différences initiales dans l'habileté en lecture.

Dans les classes étudiées par Rosenholtz, le statut auprès des pairs était étroitement relié au statut scolaire, si bien que les élèves qui étaient influents dans leurs relations informelles avec leurs camarades de classe avaient tendance à être ceux qui étaient considérés comme les meilleurs dans le travail scolaire. Dans certaines classes, des élèves auront un statut élevé auprès des pairs mais un bas statut scolaire, comme Jimmy dans la classe de Mme Todd. Les élèves ayant un statut élevé auprès des pairs auront le même effet sur un groupe en classe que ceux qui ont un statut scolaire élevé. Dans les deux cas, ils auront tendance à être plus actifs et plus influents que les élèves qui ont soit un bas statut auprès des pairs (comme Annie), soit un bas statut scolaire.

Cependant, la mise en branle d'attentes basées sur le statut ne signifie pas que les élèves de haut statut vont dominer tous les groupes de la classe. Même si la recherche montre que, dans l'ensemble, les personnes de haut statut sont plus actives et influentes que les personnes de bas statut, dans certains groupes, des membres de bas statut peuvent être plus influents que des membres de haut statut. Il y a deux facteurs qui permettent d'expliquer ce qui se passe dans un groupe de travail particulier. Il s'agit de la nature de la tâche et de la fréquence de la participation au début de la session.

Les études sur l'interaction dans les petits groupes concluent presque toujours que certains des modèles de comportement observés sont le résultat des particularités de la tâche sélectionnée. Cela vaut aussi en classe. Supposons que vous introduisiez une tâche en sciences où l'on demande au groupe de faire des observations sur un ver de farine vivant. Certains élèves seront fascinés et voudront toucher et tenir le ver, tandis que les autres seront dégoûtés. Ceux qui sont intéressés ont plus de chances d'être actifs et influents que ceux qui sont dégoûtés. Cette classification des comportements est liée à la nature particulière de la tâche et peut être indépendante de la position des élèves pour l'une ou l'autre des caractéristiques de statut discutées plus haut. La nature de la tâche peut également modifier la quantité des interactions dans le groupe. Certaines tâches sont intrinsèquement intéressantes et amènent un haut niveau d'interaction tandis que d'autres sont ennuyantes et ne provoquent qu'un bavardage décousu. D'autres tâches scolaires peuvent être exécutées non verbalement en manipulant le matériel ou en communiquant par écrit. De telles tâches donneront lieu à peu d'interaction verbale, mais privilégieront les autres formes de communication.

En plus des différences dues à la nature de la tâche, les études sur des groupes montrent que les membres qui commencent à parler dès le début de la session sont susceptibles de devenir plus influents, quel que soit leur statut. Supposons qu'on ait assigné à Annie la tâche de donner le matériel au groupe. Elle aurait pu examiner le matériel à l'avance et être capable d'expliquer ce qu'il faut en faire. Un événement aussi simple peut changer radicalement le cours des choses dans un groupe particulier. Parce que le groupe aurait eu besoin de se tourner vers elle dès le début pour en savoir plus sur le matériel, Annie aurait pu devenir très active.

Les problèmes de statut

Quels sont les signes d'un comportement de bas statut? Souvent, les élèves de bas statut ne participent pas à la tâche. Parfois ils ne peuvent même pas toucher au matériel. Le langage du corps est un bon indicateur du statut. Un élève qui n'a pas accès au matériel sera fréquemment séparé physiquement du reste du groupe. Les élèves de bas statut ne parlent pas autant que les autres élèves. Et quand ils parlent, leurs idées sont souvent ignorées. Un tel traitement peut conduire à l'indiscipline; c'est ainsi que l'enseignant se rend compte qu'il y a quelque chose qui ne va pas dans le groupe. Mais une réprimande à l'élève de bas statut ne suffit pas pour corriger la difficulté.

Les enseignants peuvent trouver les élèves de bas statut passifs et nonchalants. C'est une erreur, car en fait, ils ne peuvent tout simplement pas avoir accès au matériel ou obtenir l'attention du groupe.

LES INCONVÉNIENTS DE LA DOMINATION ET DE L'INÉGALITÉ

Pourquoi un enseignant devrait-il se préoccuper de l'interaction inégale dans la classe? Après tout, les élèves n'ont pas tous les mêmes capacités et on peut s'attendre à ce que ceux qui ont les meilleures notes soient les plus actifs dans les groupes de travail. Il est aussi tout à fait naturel que les leaders sociaux soient plus respectés même dans la classe.

Les inégalités dans l'interaction sont importantes pour plusieurs raisons. La première est liée à l'apprentissage. Si vous préparez une tâche pour le travail de groupe, il y aura apprentissage lorsque les élèves auront la chance de parler, d'entrer en interaction et de contribuer à la discussion. Les élèves qui ne participent pas parce qu'ils ont un bas statut apprendront moins qu'ils auraient pu le faire s'il y avait eu plus d'interactions. Ceux qui ont un statut élevé auront plus d'interactions, donc ils apprendront davantage. C'est un cas où les meilleurs s'améliorent. Dans une recherche sur un programme qui utilisait des centres d'apprentissages, les enfants qui parlaient et travaillaient le plus ensemble étaient ceux qui avaient les notes les plus élevés aux tests. Et les enfants qui avaient un statut scolaire élevé et un haut statut auprès des pairs parlaient plus et travaillaient plus ensemble que ceux qui avaient un bas statut (Cohen, 1984). Le bas statut est donc un élément qui nuit à l'apprentissage des élèves pendant le travail de groupe.

La deuxième raison pour laquelle il faut se préoccuper de l'interaction inégale en classe est la justice. La plupart des enseignants veulent offrir aux enfants des chances égales de réussir en classe, sans égard à l'ethnie, au sexe ou au milieu socioéconomique. Ils espèrent que la classe sera un lieu où les enfants de divers statuts sociaux pourront se rencontrer et prouver que les préjugés et les stéréotypes véhiculés par la société ne sont pas fondés. Les enseignants souhaitent que des enfants de divers statuts apprennent à se traiter comme des égaux plutôt que comme des membres de groupes sociaux différents.

Si on laisse les caractéristiques de statut jouer sans intervenir, l'interaction des enfants ne fera que renforcer les préjugés avec lesquels ils sont entrés à l'école. Par exemple, si les enfants afro-américains qui viennent de foyers pauvres sont constamment vus comme moins compétents dans le travail de groupe, les croyances racistes quant à l'incompétence relative des Afro-Américains seront renforcées. Si la position de leadership dans les groupes appartient toujours aux garçons, cela renforcera la croyance culturelle selon laquelle les filles ne peuvent pas jouer un rôle de leader.

On ne peut éviter ce renforcement des stéréotypes en se limitant à l'enseignement traditionnel à toute la classe ou en se contentant de la supervision de groupes de forces égales. Si les élèves ont peu d'occasions d'entrer en interaction, on n'aura pas non plus la possibilité de remettre en question les préjugés culturels. L'interaction de groupe fournit une *chance* de s'attaquer à ces préjugés, mais pour réussir, l'enseignant doit faire plus que d'assigner des tâches aux groupes.

La troisième raison pour laquelle on doit s'inquiéter de l'interaction inégale est liée à la qualité intellectuelle de la performance de groupe. Il est essentiel que chaque membre du groupe ait une chance égale d'apporter une contribution si l'on veut obtenir le meilleur résultat possible. En écoutant attentivement les enregistrements vidéo de groupes au travail, nous avons entendu certains élèves exprimer avec hésitation leur désaccord avec l'opinion dominante du groupe; ces élèves et non le groupe étaient sur la bonne voie, mais personne n'écoutait les idées de ces membres de bas statut. Si certains de ses membres hésitent à parler même s'ils ont de bien meilleures idées, la performance du groupe en souffrira. Le fait que les membres d'un groupe n'accordent leur attention qu'à ceux qui parlent le plus nuit également à l'efficacité du groupe. Nous avons étudié un enregistrement vidéo où le groupe se tournait systématiquement vers une élève pour avoir son avis; même si ses idées étaient confuses, le groupe persistait à croire qu'elle était la seule à posséder la compétence requise. Le jeu du statut interfère aussi avec la qualité de la performance du groupe lorsque deux de ses membres s'engagent dans une lutte pour déterminer lequel sera dominant.

Voici, d'un point de vue éducatif, le modèle idéal d'interaction de groupe. C'est le groupe où, dans un ensemble de tâches, des élèves différents exercent leur influence selon leur habileté, leur intérêt et leur savoir-faire, selon la nature de la tâche et selon plusieurs autres facteurs accidentels. Cela ne veut pas dire qu'il n'existe pas de différences dans la capacité de contribuer aux tâches. Lorsque les tâches sont intéressantes, exigeantes et variées, chacune d'entre elles fera appel à des habiletés différentes et ceux qui maîtrisent bien ces habiletés ou qui ont une compétence dans le domaine devraient avoir l'occasion de parler, d'expliquer et d'être considérés comme plus compétents. Toutefois, les inégalités engendrent des problèmes lorsque, dans une tâche donnée, on attribue un statut à un élève pour des raisons qui n'ont rien à voir avec la tâche et que cela donne lieu à la domination du groupe. Par exemple, il est évident que l'habileté en lecture est appréciable et que ceux qui la possèdent peuvent apporter une contribution importante à une tâche de groupe où certains élèves ont de la difficulté à lire. Mais la situation est problématique lorsqu'on postule que l'élève bon en lecture est bon en tout et qu'il en vient à dominer tous les aspects du travail de groupe. Lorsque la force dans un domaine est utilisée comme indicateur d'intelligence et de compétence générale en classe, il existe un problème de statut.

Le présent chapitre a soulevé le dilemme suivant: même si le travail de groupe possède des attraits éducatifs appréciables, il peut activer des problèmes de statut dans les petits groupes. Les chapitres 4 et 5, et spécialement le chapitre 8, contiennent des suggestions sur la façon de profiter des avantages du travail de groupe en évitant ces écueils.

4 Préparer les élèves au travail de groupe

L'enseignant qui désire introduire le travail de groupe dans sa classe doit tout d'abord préparer les élèves à faire face aux situations du travail coopératif. On se trompe grandement si on suppose que les enfants (ou même les adultes) savent travailler ensemble d'une manière constructive. Il y a bien des chances pour que les élèves n'aient jamais vécu d'expériences réussies de travail coopératif avec des personnes autres que des amis ou des membres de leur famille. Même si beaucoup d'entre eux ont déjà fait de l'apprentissage coopératif, cette expérience a souvent été menée sans préparation.

Il faut préparer les élèves à la coopération pour qu'ils sachent comment se comporter dans les situations de travail de groupe sans supervision directe. Il est nécessaire de mettre sur pied un programme de formation pour développer les nouveaux comportements coopératifs. Le but de ce programme est d'établir de nouvelles *normes* ou de nouvelles règles de comportement. Les normes sont parfois des règles écrites, mais elles peuvent aussi être des attentes tacites de certains comportements.

Une *norme* est une règle de comportement. Lorsqu'un individu en vient à penser qu'il devrait se comporter de cette nouvelle manière, la norme a été *intériorisée.* Les élèves doivent intérioriser les normes du travail de groupe. Une fois qu'ils l'ont fait, non seulement agiront-ils selon les nouvelles normes mais ils amèneront les autres membres du groupe à les respecter. Dans les groupes d'apprentissage coopératif, des élèves très jeunes peuvent enseigner aux autres membres du groupe comment ils devraient se comporter.

Les enseignants ont beaucoup plus de pouvoir qu'ils ne le pensent pour instaurer de nouvelles normes de comportement en classe. On dit souvent aux nouveaux enseignants: «Soyez plus strict le premier jour que vous ne le serez jamais par la suite.» L'enseignant établit ainsi dès le départ les normes qui prévaudront dans sa classe et informe les élèves que, même s'ils ont pu s'en tirer autrement dans d'autres classes, avec lui, les règles écrites ou tacites sont différentes et devront être respectées.

Voici quelques normes de la classe traditionnelle: faites votre travail et ne vous occupez pas de ce que font les autres; ne donnez ou ne demandez jamais un conseil à un camarade lorsque vous faites un travail en classe; soyez attentifs à ce que dit et fait l'enseignant et à rien d'autre; regardez vers l'avant de la classe et taisez-vous. Lorsqu'ils enseignent à de jeunes élèves, les enseignants renforcent constamment ces normes par la répétition, les récompenses et les punitions. Quand les élèves arrivent au secondaire, ces normes sont tellement bien intériorisées que les élèves dociles ne sont pas du tout conscients des raisons de leur conduite en classe.

Pour donner une tâche de groupe, il faut introduire des changements importants dans les normes traditionnelles de la classe. On demande tout à coup à l'élève de dépendre des autres. Les élèves sont responsables non seulement de leur propre comportement mais aussi du comportement du groupe et du produit de l'effort du groupe. Ils doivent écouter les autres élèves plutôt que l'enseignant. Ils doivent apprendre à demander aux autres leur opinion, à leur donner la chance de parler et à faire des contributions brèves et sensées à l'effort du groupe pour que le travail puisse se faire sans heurt. Ce sont là des exemples des nouvelles normes qu'il est utile d'enseigner avant de commencer à travailler en groupe.

Les études portant sur des groupes non préparés à l'apprentissage coopératif suggèrent que les élèves ont tendance à demeurer au niveau concret si on ne leur enseigne pas comment faire autrement (Webb, Ender et Lewis, 1986). Si les enseignants veulent développer la capacité d'abstraction et d'argumentation articulée chez leurs élèves, ils devront leur enseigner des habiletés propres à la discussion et au travail avec les autres. Ces habiletés ne s'acquièrent pas automatiquement pendant l'apprentissage coopératif. Nombre d'élèves n'ont pas d'autres stratégies que les coups et la violence verbale pour faire face au désaccord et au conflit.

Les enseignants, particulièrement au niveau secondaire, se sentent tellement coincés par le programme qu'ils n'osent prendre du temps pour préparer les élèves à la coopération. Ce n'est pas une sage décision, car, en fin de compte, on perd plus de temps à réagir au comportement désorganisé des groupes qu'on en aurait pris pour les préparer.

LA FORMATION À LA COOPÉRATION

Les élèves doivent comprendre pourquoi l'enseignant introduit les petits groupes et pourquoi les habiletés de travail de groupe sont importantes. Nous avons été étonnés de découvrir que certains enfants de sixième année n'étaient pas du tout conscients du fait que la vie adulte exige que l'on travaille avec des gens autres que des amis intimes. Certains élèves croyaient que l'enseignant leur assignait un groupe pour les forcer à se lier d'amitié avec ses membres. Même lorsque l'enseignant leur expliquait que, dans le monde du travail, plusieurs tâches importantes sont accomplies par les équipes de recherche, les brigades de pompiers, les comités, les équipes de construction, les élèves demeuraient sceptiques. Nous leur avons donc dit de demander à leurs parents si les adultes devaient travailler avec des coéquipiers. Les enfants n'ont été prêts à accepter les groupes formés par l'enseignant qu'une fois que leurs parents eurent confirmé qu'ils devraient réellement travailler en équipe.

Lorsque vous préparez les élèves au travail coopératif, vous devez décider quelles sont les normes et les habiletés qui seront nécessaires dans la tâche particulière que vous avez en tête. C'est par des exercices et des jeux conçus pour développer ces compétences qu'on peut le mieux enseigner ces normes et ces habiletés. La lecture ou la discussion générale de groupe sont rarement suffisantes pour permettre d'apprendre de nouveaux comportements ou de nouvelles normes sur la façon dont on devrait se comporter.

Le reste du présent chapitre fournira les principes qui vous permettront de bâtir un programme de formation. L'appendice A, à la fin du livre, fournit des instructions détaillées sur divers exercices que de nombreux enseignants ont utilisés avec succès. Que faire si aucune de ces activités ne convient exactement aux habiletés et aux normes dont vous avez besoin pour votre programme de formation? Lorsque vous aurez saisi les principes sur lesquels elles se fondent, vous pourrez les adapter ou en créer de nouvelles.

Une mise en garde s'impose concernant les exercices de préparation au travail de groupe. Ne croyez pas qu'ils ne conviennent pas à votre classe parce qu'ils paraissent trop faciles pour vos élèves. Le but de ces activités est d'apprendre aux élèves à travailler ensemble. Les tâches ne sont qu'un moyen de développer de nouvelles habiletés et de nouvelles normes; elle ne constituent pas une fin en elles-mêmes. Elles ne doivent pas être trop complexes, sinon les élèves s'éloigneront des processus de groupe pour s'engager davantage dans l'accomplissement de l'activité elle-même. Dans chaque cas, la clé de l'apprentissage se trouve dans la combinaison de l'expérience et de la discussion qui suit. L'enseignant doit aider la classe à réfléchir sur les aspects importants du déroulement de l'activité et sur la pertinence de l'expérience pour le travail de groupe à venir.

L'attention aux besoins du groupe

La sensibilité aux besoins du groupe est une habileté indispensable dans toutes les formes de tâches coopératives. Si les élèves sont inconscients des problèmes vécus par leurs pairs, le groupe ne fonctionnera pas bien, le produit du groupe sera de qualité inférieure et l'interaction ne fournira pas l'assistance dont les membres ont besoin. Les élèves doivent apprendre à être conscients des besoins des autres membres du groupe et prendre la responsabilité de les aider, afin que tous obtiennent un meilleur produit de groupe.

L'exercice des «Cercles brisés» (*voir l'appendice A*) est l'une des meilleures manières d'enseigner cette habileté. Il a été développé par les anthropologues Liana et Ted Graves à partir de l'exercice classique du Problème des cercles brisés (Pfeiffer et Jones, 1970). Dans cet exercice, il est impossible de trouver la solution du casse-tête tant que les membres du groupe ne se penchent pas sur les problèmes des autres et qu'ils ne sont pas prêts à abandonner leurs pièces de casse-tête pour atteindre le but du groupe.

On donne à chaque membre du groupe une enveloppe contenant des pièces de carton. La tâche est terminée quand chaque individu a devant lui un cercle parfait exactement de la même taille que ceux formés par les autres membres du groupe. Des limites précises sont fixées à l'interaction: personne ne peut parler, les membres ne peuvent ni demander ni prendre les pièces des autres, ils ne peuvent que donner aux autres les pièces dont ils ont besoin. On trouvera à l'appendice A des indications détaillées sur cet exercice et des suggestions pour la discussion qui le suit.

La difficulté vient du fait que l'échange de pièces doit se faire entre les membres avant que le but ne soit atteint. Sauf dans la version la plus facile de cet exercice, certaines enveloppes fournies à chaque groupe contiennent les pièces qui permettront aux élèves de former un cercle sans qu'il y ait échange de pièces. Cependant, si la personne qui a terminé son cercle n'est pas disposée à les défaire pour partager avec les autres, le groupe ne sera pas capable de résoudre le problème. Il arrive souvent, dans les groupes, qu'un des élèves les plus compétitifs termine rapidement son cercle et attende impatiemment que les autres aient fini en regardant autour de lui et en oubliant les difficultés des autres membres du groupe, totalement inconscient d'empêcher le groupe de progresser.

Dans la discussion qui suit l'exercice, vous pouvez aider les élèves à saisir l'importance d'être attentifs aux besoins des autres et de partager en leur demandant d'indiquer ce qui a contribué au succès ou à l'échec de la coopération du groupe. Demandez-leur aussi comment ils auraient pu mieux coopérer. Cet exercice est une excellente préparation à plusieurs tâches de coopération: l'individu doit apprendre à donner plutôt qu'à recevoir ou à se vanter de ses réalisations individuelles.

Ne donnez pas un cours sur ce que les élèves sont censés apprendre de l'expérience. Permettez-leur plutôt d'en arriver à leurs propres conclusions par vos questions, lors de la discussion qui suit. Et lorsqu'ils ont saisi les idées importantes, vous pouvez souligner comment la coopération, dans cette situation, s'applique au travail de groupe qui a été planifié. L'éducation n'est pas magique — il faut toujours faire le rapprochement entre les nouveaux comportements et leur utilité dans les tâches de groupe si vous voulez que les élèves s'en servent.

Le suivi

Il est très souvent nécessaire de répéter l'exercice ultérieurement si les groupes ont des difficultés à cause d'un manque d'attention aux autres ou de partage. La même classe peut refaire l'exercice dans une version avancée des «cercles brisés». On peut aussi faire un exercice supplémentaire de partage des pièces d'un casse-tête (*voir l'appendice A*).

Plusieurs autres activités peuvent être utilisées pour enseigner les mêmes principes. On peut demander à chaque groupe de faire bondir en l'air un ballon pendant plusieurs minutes sans qu'il touche le sol. Ici encore, le succès du groupe dépendra des efforts de chacun. Créer ensemble une murale ou une autre œuvre d'art peut également permettre d'inculquer ou de consolider la même idée. Comme dans la première activité, il faut ensuite une discussion où les élèves ont une chance de faire le lien entre la coopération exigée par l'exercice et leur propre comportement dans la tâche de groupe.

Les comportements coopératifs spécifiques

Votre programme de formation doit traiter des comportements spécifiques à la situation de coopération que vous avez en tête. Commencez par analyser la tâche de travail de groupe. Est-ce que ce sera une discussion en petits groupes où il faut parvenir à un consensus? S'agit-il d'un groupe de travail où les élèves s'entraident d'une manière collégiale mais où chacun est responsable de son propre produit, qu'il s'agisse d'une feuille d'exercice complétée ou d'un rapport de laboratoire? S'agit-il d'une tâche purement verbale impliquant des valeurs et des opinions ou bien d'une tâche où les élèves manipuleront du matériel et pourront montrer aux autres comment il fonctionne? La tâche fera-t-elle appel à la créativité et à la résolution de problèmes dans une situation où il faut choisir entre les bonnes et les mauvaises réponses proposées?

Des tâches différentes exigent des comportements coopératifs différents. Pour illustrer ce point, je voudrais comparer les comportements exigés dans deux situations de coopération que j'ai étudiées en profondeur: les centres d'apprentissage et les petits groupes de discussion. Dans les centres d'apprentissage, l'enseignant aménage la classe en plusieurs centres où se déroulent des activités différentes, comme des expériences scientifiques, des problèmes mathématiques exigeant des manipulations, ou la mise au point d'une carte en sciences humaines. Les tâches sont généralement multimédias et font appel à divers comportements de résolution de problèmes, et ces derniers peuvent être résolus de plus d'une façon. Des critères clairs permettent de juger de la qualité de la production des élèves. On enseigne à ceux-ci à travailler ensemble et à aider les autres à leur centre d'apprentissage respectif et ils doivent aussi remettre des fiches d'exercices individuelles ou des produits que l'enseignant examine et utilise comme base d'évaluation individuelle.

Aider les autres élèves est un comportement clé aux centres d'apprentissage. C'est une habileté qui n'est pas facile à maîtriser; le plus souvent, les élèves aident les autres en faisant la tâche à leur place. Il faut encourager les participants à se poser mutuellement des questions et les amener à considérer ce comportement comme légitime et recommandé aux centres d'apprentissage. Il faut également leur montrer comment répondre aux questions des autres: plutôt que de donner simplement la «bonne réponse», les élèves doivent apprendre à donner des explications complètes. Webb (1991) a constaté que les élèves à qui on ne fait que donner la bonne réponse apprennent moins que ceux qui reçoivent une explication détaillée.

Lorsqu'une production individuelle est exigée, les élèves ont deux habiletés à utiliser: découvrir ce que les autres pensent et décider du contenu de leur propre production. Il faut encourager les élèves non seulement à consulter les autres, mais aussi à prendre leurs propres décisions dans la création de leur produit individuel. Enfin, pour que les élèves aient des échanges constructifs aux centres d'apprentissages, ils doivent avoir appris à écouter. Celui qui pose la question et celui qui répond doivent tous deux savoir comment écouter attentivement.

Même si on peut répondre à des questions concernant des tâches qui comportent des manipulations par une démonstration physique, à l'aide de matériel, la communication non verbale s'avère trop contraignante lorsqu'elle est la seule méthode de communication. Les jeunes enfants doivent apprendre à *dire* et non seulement à *montrer* comment il faut faire les choses. Ils doivent également apprendre à exprimer leur reconnaissance; lorsque quelqu'un les aide, ils doivent le remercier ou lui montrer leur appréciation d'une manière ou d'une autre.

Les comportements exigés dans les petits groupes de discussion sont radicalement différents de ceux que requièrent les centres d'apprentissage. Dans les petits groupes, il faut un échange verbal qui permet au groupe d'en arriver à une forme de consensus. Par exemple, vous pouvez demander aux groupes d'interpréter un texte littéraire ou une pièce de théâtre, de résoudre un problème écrit en mathématiques, de lire des textes pour répondre à une question de discussion, d'appliquer à la planification d'un repas ce qu'ils ont appris en nutrition, de créer un pantomime ou un jeu de rôles illustrant une idée, de créer une conversation de cinq minutes en utilisant de nouveaux mots dans une langue étrangère, de corriger la grammaire ou la syntaxe de la composition d'un camarade de classe, ou de découvrir la solution d'un problème social ou politique.

Pour terminer ces tâches, il faut au moins que les élèves aient compris que tous doivent participer et que personne ne doit dominer le groupe. La discussion exige, en outre, la capacité d'écouter. Les membres du groupe ont tendance à être tellement préoccupés par ce qu'ils ont à dire qu'ils n'écoutent pas ce que les autres sont en train de dire. Non seulement faut-il qu'ils écoutent les autres, mais ils doivent également apprendre à réfléchir à ce qu'ils disent avant de réagir. Le manque d'écoute et de réflexion sur les interventions des autres entraîne une discussion décousue et empêche souvent le groupe de parvenir à un consensus.

Alors que les élèves plus âgés doivent apprendre à être brefs dans l'expression de leurs idées, les élèves plus jeunes doivent apprendre à développer leurs idées. Si on demande au groupe de parvenir à un consensus, les élèves doivent apprendre à réunir les idées de tous et à vérifier si le groupe est prêt à prendre une décision. En général, les jeunes élèves ne sont pas conscients du fait que, pour en arriver à une décision collective, il faut discuter de la marche à suivre. Les élèves du secondaire sont eux aussi moins préoccupés des règles de procédure que les adultes qui, bien sûr, apprennent ces comportements dans les contextes officiels des clubs et des comités. Le tableau 4.1 résume les comportements exigés dans les centres d'apprentissage et dans les groupes de discussion.

TABLEAU 4.1 Les comportements aux centres d'apprentissage et dans les groupes de discussion

CENTRES D'APPRENTISSAGE	GROUPES DE DISCUSSION
Poser des questions.	Demander aux autres leur opinion.
Écouter.	Écouter.
Aider les autres.	Réfléchir à ce qui a été dit.
Aider les élèves à exprimer leurs propres idées.	Être concis.
Montrer aux autres comment faire les choses.	Expliquer ses idées.
Expliquer en disant comment et pourquoi.	Permettre à chacun de contribuer.
Chercher à savoir ce que pensent les autres.	Exprimer clairement ses idées.
Prendre une décision personnelle.	Vérifier si le groupe est prêt à prendre une décision.

Les habiletés intellectuelles de haut niveau

L'apprentissage coopératif peut stimuler le développement d'habiletés intellectuelles de haut niveau. Ensemble, les élèves peuvent émettre des hypothèses, analyser, faire des généralisations, chercher des structures et veiller à la cohérence de leurs idées lors de tâches exigeantes. Souvent, les élèves se contentent de donner leurs conclusions ou d'illustrer leur idée en manipulant le matériel lorsqu'ils veulent expliquer quelque chose. Leur pensée n'est pas clairement exprimée et ils ne cherchent pas à démontrer la logique de leurs conclusions. Lorsque nous avons observé de tels groupes, ils semblaient engagés dans des activités intellectuelles de haut niveau, mais, en les écoutant vraiment, nous constations qu'il n'en était rien. Les élèves ne s'engagent pas dans des activités intellectuelles de haut niveau à moins qu'on les stimule et qu'on leur montre à le faire.

L'importance de bien exprimer sa pensée et de communiquer clairement ses idées aux autres s'accroît considérablement au fur et à mesure que l'élève progresse vers la fin de l'élémentaire pour atteindre le secondaire. Si les élèves ne sont pas capables de communiquer des idées scientifiques, d'analyser un problème social ou de découvrir la logique sous-jacente à une déduction mathématique, ils auront de la difficulté lors des cours avancés des diverses matières. Ainsi, même si vous hésitez quelque peu à mettre l'accent sur la production intellectuelle purement verbale, où certains élèves sont désavantagés, vous pouvez aussi décider que tous les élèves ont droit à une formation et à des expériences dans ce type d'habiletés. Selon notre expérience, le premier cycle du secondaire est le meilleur moment pour introduire cette formation. Les élèves plus jeunes doivent pouvoir développer leurs habiletés intellectuelles sans devoir en même temps traduire leurs pensées en mots.

La «Logique de l'arc-en-ciel» (*voir l'appendice A*) est un exemple d'activité préparatoire conçue spécialement pour aider les élèves à communiquer leur raisonnement déductif et leur raisonnement spatial. Dans cet exercice, l'élève qui fait la grille, sans la montrer au groupe, crée une structure de carrés coloriés sur une grille trois par trois, en suivant la règle selon laquelle tous les carrés de la même couleur doivent se toucher par au moins un côté complet. La tâche du groupe est de déduire cette structure en posant une série de questions (p. ex. «Y a-t-il des carrés bleus ou jaunes dans la rangée du haut?»). Le but est de savoir où se trouvent les couleurs sur la grille en posant le moins de questions possible. Pour atteindre ce but, le groupe doit *discuter et prendre une décision* avant de poser une question au responsable de la grille. Dans le cadre de la discussion, les élèves doivent expliquer la logique de leur pensée. On utilise un observateur pour noter le nombre de fois que les participants ont expliqué leurs suggestions et pour vérifier si le groupe a réellement discuté avant d'en arriver à sa décision. Les élèves doivent ainsi exprimer leur pensée de façon explicite afin de pouvoir en partager la logique sous-jacente.

Les enseignants doivent choisir le genre d'interaction qu'ils souhaitent observer dans les groupes. Si l'on considère important que la discussion soit structurée et réfléchie, il faut utiliser un exercice conçu pour susciter ce genre de conversation. Il ne s'agit toutefois pas de dire ce qu'on veut entendre. La «logique de l'arc-en-ciel» est un bon exemple d'exercice qui n'exige aucun terme particulier mais qui encourage les élèves à verbaliser leurs propres processus mentaux. Tout exercice qui demande aux élèves d'expliquer leurs idées produira le même effet.

L'utilisation des principes de l'apprentissage social

L'appendice A comprend des exercices préparatoires conçus pour développer les comportements requis pour le travail de groupe. Si vous saisissez les principes simples à la base de ces exercices, vous pourrez vous-mêmes créer des expériences où vos élèves développeront ces habiletés spécifiques ou autres comportements importants pour la tâche de groupe que vous avez choisie.

Après de longues expérimentations, Bandura (1969) et ses collaborateurs ont développé quelques principes relativement simples d'apprentissage social. Ils sont d'une utilité extraordinaire lorsqu'on veut inculquer de nouveaux comportements à des enfants ou à des adultes. On peut résumer ces principes ainsi:

1. On doit nommer les nouveaux comportements et les discuter.
2. Les élèves doivent apprendre à reconnaître les nouveaux comportements lorsqu'ils se produisent.
3. Les élèves doivent être capables d'utiliser les appellations et de discuter les comportements d'une manière objective.
4. Les élèves doivent avoir l'occasion de pratiquer ces nouveaux comportements.

5. Il faut renforcer les nouveaux comportements lorsqu'ils se produisent.

Tous les exercices préparatoires que vous créez devraient être conformes à ces cinq principes. Si vous prenez la peine de vérifier si vos élèves utilisent les nouvelles habiletés, vous vous apercevrez sans doute qu'ils s'en servent correctement et fréquemment. En fait, en plus d'apprendre de nouveaux comportements, ils apprennent qu'ils constituent une façon efficace d'obtenir de bons résultats dans le travail de groupe. Ils constatent aussi que ce sont des comportements désirables qui conviennent bien aux situations du travail de groupe. Et ils voudront faire respecter ces nouvelles normes par leurs pairs.

Ces cinq principes sont illustrés dans l'exercice du «Maître concepteur», décrit en détail dans l'appendice A. L'exercice requiert un ensemble de sept formes géométriques. Quatre des membres du groupe doivent avoir un ensemble complet. Le cinquième membre est l'observateur. Un des membres du groupe joue le rôle de «maître concepteur» et crée une figure avec les formes. Il doit ensuite indiquer aux autres comment construire une réplique de la figure, mais sans la leur montrer. Les membres du groupe ne peuvent pas voir ce que font les autres, mais ils peuvent poser des questions au maître concepteur.

L'exercice du «maître concepteur» illustre trois nouveaux comportements. Il enseigne aux élèves à aider les autres à exprimer leurs propres idées. Il montre comment un groupe peut dépendre du maître concepteur pour lui expliquer comment réaliser un projet. Et, en vertu d'une autre règle, — lorsqu'un membre réussi à reproduire la figure du maître concepteur, il peut lui aussi aider les autres par ses explications — il prouve que la coopération peut conduire au succès du groupe.

Avant de commencer l'exercice, l'enseignant présente les nouveaux comportements et les nomme à l'aide d'une courte phrase: «Aider les élèves à exprimer leurs propres idées», «Expliquer en disant comment» et «Tout le monde participe». Ces phrases apparaissent également sur une affiche qui reste en vue pendant le travail de groupe qui suit la formation. En accord avec les principes de l'apprentissage social, c'est en nommant les nouveaux comportements qu'on aide les élèves à s'en souvenir; puis, en jouant leur rôle dans l'exercice, ils ont la chance de les mettre en pratique.

Dans des joutes subséquentes, les autres élèves peuvent jouer le rôle de maître concepteur et avoir la chance d'apprendre à aider les autres.

L'observateur doit noter le nombre de fois qu'il voit les deux comportements: «Expliquer en disant comment» et «Tout le monde participe». Après chaque joute, l'observateur rapporte à la classe le nombre de fois qu'il a vu ces nouveaux comportements. Selon les principes de l'apprentissage social, le rôle de l'observateur est d'enseigner aux élèves à reconnaître les nouveaux comportements lorsqu'ils se produisent et de les discuter avec les mots justes.

Il est très important de préparer les élèves à leur rôle d'observateur. Vous ne pouvez pas postuler que les élèves seront automatiquement capables de reconnaître les nouveaux comportements que vous avez en tête — les mots peuvent avoir pour eux un sens très différent de celui que vous leur donnez. La discussion entourant la définition des comportements et la façon de les reconnaître est une étape essentielle à la compréhension. Lorsque les observateurs présentent leur rapport sur le travail des groupes, vous avez une occasion de renforcer les nouveaux comportements. De cette manière, l'exercice fait appel aux cinq principes que nous avons énumérés plus haut.

L'exercice de la «Fusée à quatre étages», décrit dans l'appendice A illustre les mêmes principes d'apprentissage. Cet exercice, qui a comme but de développer les habiletés pour le travail en petits groupes, est devenu très populaire chez ceux qui préparent les personnes au travail coopératif. Cette technique, mise au point par Charlotte Epstein dans son livre *Affective Subjects in the Classroom* (1972, p. 48-57), peut être adaptée pour enseigner une variété d'habiletés exigées pour divers types de tâches de groupe. D'autres activités présentées dans l'appendice A sont conçues pour préparer les élèves à coopérer dans deux formes de travail de groupe: les centres d'apprentissage et les groupes de discussion. On peut utiliser l'activité «Devine ma règle» à partir de la deuxième année, tandis que la «Logique de l'arc-en-ciel» et la «Fusée à quatre étages» conviennent mieux aux élèves de septième année et peuvent également être utilisées avec des adultes.

La formation pendant le travail de groupe

Il peut arriver que, pendant le travail de groupe, vous observiez des rechutes dans les anciens modèles de comportement. Lorsque cela se produit, vous pouvez utiliser plusieurs stratégies. La plus simple est d'observer ce qui se passe dans les groupes; lorsque vous vous rendez compte que les élèves n'expliquent pas leurs idées, vous pouvez leur demandez: «Avez-vous expliqué vos idées?» Lorsqu'ils ne discutent pas réellement avant de prendre leurs décisions, vous pouvez leur demander: «Quelle est la stratégie générale ou le plan de votre groupe? Je vais revenir dans quelques minutes et vous me le direz.» Vous serez surpris de constater qu'après avoir répété ces questions pendant quelques sessions, les élèves se les poseront entre eux.

Circuler parmi les groupes et prendre des notes pendant qu'ils travaillent est une autre stratégie simple. Notez quelques bons exemples des comportements désirés ou de leur absence ainsi que les conséquences qu'ils ont sur le fonctionnement du groupe. Faites part aux élèves de ces observations pendant la session de retour sur l'expérience ou au début de la session du lendemain. S'il y a eu des lacunes dans la collaboration, demandez à la classe ce que les élèves auraient pu faire pour mieux travailler ensemble.

Vous serez parfois amenés à décider que des problèmes sérieux dans le comportement des groupes exigent que vous consacriez plus de temps et d'attention à promouvoir la coopération. Lorsque cela se produit, prenez le temps de rappeler les comportements importants pour le succès de l'expérience. Demandez aux élèves s'ils ont noté les problèmes qu'ils éprouvent dans les groupes. Peuvent-ils suggérer des façons de les résoudre? Se souviennent-ils de certains des nouveaux comportements qui pourraient les aider? Établissez une liste de ces comportements. Dites aux groupes de répéter ou de pousser plus loin un exercice qu'ils ont déjà fait. Désignez un observateur pour chaque groupe. Les groupes travailleront pendant cinq minutes pendant que l'observateur cherchera à repérer les comportements spécifiques recommandés. Puis arrêtez l'activité et demandez à chaque groupe de discuter avec l'observateur de ce qu'il a vu et de ce qui pourrait être fait pour améliorer la qualité du fonctionnement du groupe. Il n'est pas nécessaire, à cette étape, de revenir sur des exercices qui ne sont pas reliés directement au travail à faire. Le groupe lui-même a la capacité de faire son autocritique et de corriger ses problèmes.

Avec des élèves plus âgés, il est possible de faire un retour sur le fonctionnement du groupe sans avoir recours à un observateur. L'ensemble du groupe peut tenter de prendre conscience du comportement de ses membres. Le groupe peut alors discuter de ses problèmes et de la façon dont il pourrait améliorer les comportements coopératifs clés. La recherche a montré que, si l'enseignant donne une rétroaction sur les comportements coopératifs et si les élèves ont la chance de réfléchir sur le comportement du groupe relié à des habiletés spécifiques, on arrive à améliorer la capacité de résoudre un problème complexe de simulation informatique (Johnson et Johnson, 1990). Cette procédure a donné de meilleurs résultats que la discussion en grands groupes sur la coopération ou le travail de groupe sans intervention spéciale. Le secret du succès de la formation préalable réussie en coopération, de la rétroaction de l'enseignant et de l'autocritique du groupe est *l'utilisation de comportements très spécifiques.* Par exemple, Huber et Eppler (1990) ont demandé à des élèves de cinquième année d'évaluer leur propre comportement coopératif sur des dimensions générales comme «amical-hostile» et «travailleur-nonchalant», et de discuter pendant cinq minutes des difficultés de la dernière session et des stratégies pour améliorer la coopération la prochaine fois; cette méthode n'a eu aucun effet sur la performance. Apparemment, elle n'avait pas fourni aux élèves une information suffisamment précise sur les lacunes de leur comportement et sur les stratégies qui amélioreraient la situation.

En plus d'être spécifiques, les comportements vérifiés devraient *être directement reliés au but du groupe*. C'est pourquoi les programmes généraux de relations humaines qui mettent l'accent sur la sensibilité, la réceptivité, l'ouverture et la réciprocité ne sont pas recommandés (Miller et Harrington, 1990). Comparez ces qualités très générales de l'interaction aux comportements que Johnson et Johnson (1990) ont sélectionnés pour des groupes travaillant sur une simulation informatique: «Résumer les idées et l'information de tous les membres du groupe». «Encourager la participation orale de tous les membres du groupe» et «Vérifier l'accord des membres du groupe chaque fois qu'une décision est prise». On a assigné à chaque membre du groupe une de ces trois habiletés et on s'est assuré qu'ils utilisaient tous leur habileté.

Lorsque les groupes s'engagent dans des projets à long terme plus ambitieux, il y a d'autres habiletés qui deviennent importantes. Elizabeth Hunter a établi des listes de comportements favorables ou nuisibles (*voir l'appendice A*) qui permettent d'améliorer la capacité de fonctionner en groupe. Il faut un observateur qui se sert d'une feuille de pointage pendant que le groupe exécute ou répète un exercice. L'observateur peut présenter son rapport à toute la classe ou seulement à son groupe. Cela devrait être suivi d'une discussion où les élèves se demandent si ces comportements sont importants ou non pour réaliser un meilleur produit de groupe. Les élèves devraient également s'interroger à savoir s'il y a d'autres moyens de mettre en œuvre les comportements favorables et d'éviter les comportements perturbateurs. Ne vous sentez pas obligés d'enseigner tous les comportements qui figurent sur la liste; choisissez simplement ceux que vous croyez utiles pour votre classe.

Les normes du comportement en groupe

La norme de la participation égale est probablement la norme la plus importante à enseigner lorsqu'on prépare les élèves à discuter, à prendre des décisions et à résoudre des problèmes en faisant appel à la créativité. Les problèmes d'inégalité et de domination discutés au chapitre 3 peuvent être résolus en partie lorsque les élèves veillent à ce que chacun puisse s'exprimer et être écouté attentivement. Dans la mesure où cette nouvelle norme a été intériorisée par les membres du groupe et parce qu'ils ont acquis les habiletés leur permettant de participer à la discussion, le groupe est moins susceptible d'être dominé par les élèves de haut statut.

Morris (1977) a démontré, dans une étude en laboratoire sur la prévention de la domination des groupes, que des séances de formation préviennent l'apparition de phénomènes indésirables de domination dans des groupes de résolution de problèmes faisant appel à la créativité. Voici les normes du comportement coopératif orienté vers la résolution de problèmes que Morris a présentées à ses sujets:

1. Donnez vos propres idées;
2. Écoutez les autres et donnez à chacun la chance de parler;
3. Demandez aux autres d'exprimer leur idée;
4. Justifier vos idées et discutez plusieurs idées différentes.

Pour préparer les groupes à respecter ces normes, Morris leur a donné un difficile problème de survie à résoudre. Le nom de la tâche était «Survie» et c'était une adaptation des problèmes de survie développés par Jay Hall (1971). Le groupe devait s'imaginer qu'il formait l'équipage d'un bateau en train de couler près d'une île tropicale. Les membres ne pouvaient emporter que huit objets avec eux. Ils devaient donc classifier les objets selon leur importance pour la survie du groupe.

Après avoir présenté les résultats de la recherche montrant que les groupes sont meilleurs que les individus pour résoudre des problèmes faisant appel à la créativité, Morris a demandé au groupe de travailler en équipe et a indiqué que chaque personne serait évaluée selon sa capacité de travailler avec les autres. Il leur a expliqué les quatre comportements caractéristiques d'un bon travail d'équipe.

Afin de montrer au groupe comment faire son autocritique, Morris a interrompu l'activité pour évaluer le fonctionnement du groupe une fois que quatre objets eurent été classifiés. Il a utilisé les questions de discussion suivantes:

1. Est-ce que chacun de vous parle?
2. Écoutez-vous les autres?
3. Posez-vous des questions?
4. Quelles questions pourriez-vous poser pour savoir ce que pense quelqu'un du groupe?
5. Justifiez-vous vos idées et cherchez-vous à en formuler plusieurs? Quelles questions pourriez-vous poser pour savoir la raison qui a amené quelqu'un à faire une suggestion? (Morris, 1977, p. 157)

Il a ensuite permis au groupe de terminer la tâche et lui a présenté un autre problème de survie semblable. Cette recherche a pu montrer que l'enseignement des normes de la participation égale a empêché que l'interaction soit dominée par les élèves de haut statut (ceux qui étaient considérés comme forts en lecture).

Les normes de la participation égale ont influencé le comportement du groupe dans une troisième tâche très différente, même si elle n'avait rien à voir avec des problèmes de survie et qu'on n'avait pas demandé aux élèves d'utiliser les nouveaux comportements. Les participants en étaient arrivés à la conclusion que c'était la meilleure façon d'accomplir une tâche coopérative. En d'autres termes, les normes avaient commencé à influencer le comportement du groupe dans une nouvelle tâche sans que l'enseignant ait eu à en parler.

Morris a enseigné aux élèves que, s'ils voulaient survivre dans une situation menaçante, il faudrait que tous participent et écoutent attentivement les autres. Cela a eu pour effet de modifier le comportement de ceux qui avaient tendance à trop parler et à ne pas assez écouter. Comment cela s'est-il passé?

Sur le plan sociologique, on peut dire que la séance de formation a introduit la nouvelle norme de la participation égale ainsi que de nouvelles habiletés pour fonctionner en groupe. Et, comme ces groupes comprenaient des élèves de force inégale en lecture, on peut postuler que les meilleurs en lecture se considéraient comme les plus compétents pour résoudre le problème de survie. Il semble que la séance de formation donnée par Morris n'interférait pas avec le processus des attentes de compétence.

Dans ce cas, pourquoi les élèves de haut statut ont-ils été moins actifs dans les groupes ayant suivi la séance de formation que dans ceux qui ne l'ont pas suivie? Même si les meilleurs en lecture pensaient qu'ils étaient les plus compétents pour résoudre le problème de survie, la formation leur enseignait qu'ils nuiraient à l'effort du groupe s'ils ne laissaient pas les autres parler. La nouvelle norme interférait avec le processus des attentes de compétence et empêchait ces dernières de se traduire par des différences dans le taux de participation aux discussions de groupe.

Lorsqu'on demandait aux élèves lesquels d'entre eux avaient les meilleures idées dans le groupe, ils avaient tendance à désigner les meilleurs en lecture. On peut donc voir que, même si les inégalités de participation aux discussions ont été réduites par la formation, les problèmes de statut n'ont été traités que partiellement.

Cependant, cette séance de formation constitue quand même un moyen sûr, simple et pédagogiquement sain pour modifier le comportement des membres de votre classe qui ont tendance à dominer les petits groupes. Désignez un observateur dans chaque groupe pour surveiller l'utilisation des comportements désirés. Après le compte rendu des observateurs, faites une discussion de classe en utilisant les questions énumérées plus haut. Quand vous êtes prêts à donner une tâche de travail de groupe qui exige une résolution de problèmes faisant appel à la créativité, rappelez à la classe les quatre normes du comportement coopératif définies par

Morris. Vous pouvez les inscrire sur une affiche que vous laisserez en permanence dans la classe.

Le fonctionnement efficace du groupe

Lorsque les membres d'un groupe ont une tâche difficile et incertaine qui exige une production de groupe, ils font face à un problème fondamental: comment décider de la nature du produit final et diviser le travail pour réaliser la tâche? Supposons qu'un groupe doive créer une pièce pour illustrer le conflit entre Martin Luther et le pape Léon XI. Quelle forme devrait avoir la pièce? Qui devrait l'écrire? Qui jouera le rôle de Martin Luther et celui du pape? Le groupe doit répondre à ces questions s'il veut présenter à la classe un produit valable.

Même si cela semble insensé pour un observateur extérieur, les groupes du premier cycle du secondaire tenteront souvent de travailler sans plan ou sans stratégie générale. Un élève dira: «Je pense que nous devrions faire une couronne dorée pour le pape.» «Je puis couper ces pièces de papier pour qu'elles apparaissent comme des indulgences à vendre», dira un autre. Et, rapidement, le groupe se mettra à fabriquer des accessoires évitant les questions historiques de fond et ne prenant aucune décision sur la forme que devrait prendre la pièce. S'il avait suffisamment de temps, le groupe pourrait parvenir à donner une forme à la pièce, mais l'horaire de l'école ne permet pas de travailler de cette manière. Pour que le groupe puisse finir le travail à temps, il doit commencer par discuter les questions historiques et développer un plan ou une stratégie.

Les enseignants peuvent apporter une assistance en créant une norme spécifique de fonctionnement de groupe efficace comme: «Clarifiez la question et développez une stratégie pour créer votre produit de groupe.» Les élèves comprendront mieux avec quelques exemples. Les plus utiles sont ceux que vous avez observés dans leur interaction en petits groupes. Vous pouvez décrire l'élaboration d'une stratégie que vous avez observée ou demander à des participants de partager avec le reste de la classe la façon dont ils ont créé un plan. Vous pouvez intervenir lorsque des groupes s'embrouillent en leur demandant de discuter des questions historiques et de préparer un plan. N'oubliez pas de revenir vous informer de leur plan.

On rencontre souvent un autre problème dans les groupes du premier et du second cycle du secondaire. Lorsque les élèves doivent prendre une décision en groupe, ils votent plutôt que de tenter de discuter à fond et d'arriver à un consensus. L'inconvénient de cette procédure est que ceux qui ont été mis en minorité n'ont pas d'intérêt dans le produit de groupe et risquent fort de ne pas participer. De plus, les votes court-circuitent souvent la discussion des questions intellectuelles. Les membres sont tellement absorbés sur les actions à faire qu'ils ne prennent pas le temps de rassembler toutes les opinions et d'examiner les ressources intellectuelles fournies par les membres du groupe ou le matériel que l'enseignant leur a donné.

Vous pouvez rappeler aux élèves qu'ils doivent arriver à un consensus (norme du consensus) concernant les plans et les stratégies (norme de la stratégie). Vous pouvez discuter avec les élèves de ce qui arrive quand le vote remplace la discussion complète. Vous pouvez expliquer le concept du compromis. Dans sa classe de onzième année à Pittsburgh, en Californie, Diane Kepner enseigne à ses élèves à obtenir un consensus en leur demandant de s'entendre sur trois aliments destinés à une fête de classe. Les groupes font un compte rendu à la classe après 10 à 15 minutes de discussion et ils doivent commenter leur façon d'arriver à une décision. Dans une deuxième étape, des représentants de chaque groupe forment une table ronde qui se réunit devant toute la classe pour négocier et décider de la sélection finale des aliments. Dans une troisième étape, très importante, Mme Kepner discute des processus de négociation et de compromis qui ont été utilisés et des conséquences de ces stratégies d'obtention d'un consensus dans le travail de groupe en général.

Vous pouvez circuler dans la classe pendant que les groupes travaillent et écouter les discussions. Lorsque vous voyez qu'un groupe se prépare à voter, vous pouvez demander: «Est-ce que tout le monde est d'accord? Avez-vous pris en considération les suggestions de chacun?» Cela aura généralement l'effet de faire redémarrer la discussion et d'encourager les élèves qui avaient été ignorés à proposer des suggestions. La plupart du temps, vous n'êtes pas présent au moment même où le groupe prend le vote. Mais vous vous rendez compte que le groupe ne progresse pas et qu'il ne réussira pas à terminer sa tâche avec succès si vous n'intervenez pas. Demandez aux participants ce qu'ils se proposent de faire et comment ils ont pris leur décision. Selon Diane Kepner, ils vous diront souvent qu'ils ont voté. Mme Kepner conseille de dire alors à ceux qui ont perdu lors du vote: «Que faudrait-il faire pour que vous soyez d'accord avec la décision du groupe?» Cela ouvre la voie au compromis et à une plus grande motivation à participer chez tous les membres du groupe.

LES COMPORTEMENTS ANTISOCIAUX EN GROUPE

Un vigoureux désaccord sur la façon de résoudre un problème ou sur une question sociale est une des caractéristiques positives de l'apprentissage coopératif et il faut l'encourager. Les élèves apprennent en étant exposés à des points de vue conflictuels; ils sont amenés à justifier leur propre point de vue et se rendent compte qu'il y a souvent plus d'une façon valable de voir un problème.

Cependant, certains élèves ne savent pas comment réagir face à une opinion contraire. Ils peuvent faire des attaques personnelles ou dénigrer les autres; ils peuvent en venir aux coups ou se lever et quitter le groupe parce que leurs idées sont rejetées. On peut comprendre que les enseignants soient désemparés. Comment les élèves peuvent-ils s'enrichir grâce à l'apprentissage coopératif lorsqu'ils ont si peu de stratégies pour travailler avec les autres? Les comportements antisociaux peuvent être fréquents dans des classes où un grand nombre des élèves ont peu d'expérience de la négociation ou ont subi de la violence physique verbale.

Le rejet physique et social de certains membres du groupe sont d'autres problèmes fréquents, surtout au secondaire. Les élèves peuvent dire d'une manière très directe qu'ils ne veulent pas avoir Reggie dans leur groupe, ou ils peuvent montrer leur rejet à travers le langage du corps. On peut empêcher Reggie d'avoir accès au matériel par un coup de coude. Ou le groupe peut refuser de réagir à toutes les contributions de Reggie et faire comme si ce dernier était invisible.

Diane Kepner est une enseignante spécialisée dans la résolution des conflits (Kreidler, 1984; Rosenberg, 1983). Elle applique les approches de son champ de spécialisation aux comportements antisociaux des groupes coopératifs de septième année. Ses interventions s'appuient sur l'observation centrale selon laquelle les blâmes à répétition causent l'escalade des conflits: «Il m'a dit que mes idées sentaient mauvais!» «Il m'a insulté!» «Elle m'a dit de m'asseoir et de la fermer!» «Il m'a poussé le premier!» Si les élèves apprennent à transformer ces blâmes en affirmations du type «Je me sens...» où ils expriment honnêtement comment ils se sentent face à l'intervention ou au comportement de l'autre, cela aura pour effet de désamorcer le conflit. Par exemple, un élève pourrait dire: «Quand tu m'as dit que mes idées sentaient mauvais, je me suis sentie comme si le groupe avait décidé de ne plus jamais écouter ce que j'ai à dire.» Cela fournit une ouverture naturelle permettant à l'autre d'expliquer pourquoi il a eu une réaction négative et la voie est réouverte à une conversation normale.

Mais comme cette manière de parler n'est pas naturelle pour la plupart des gens, il est nécessaire de préparer les élèves à transformer les blâmes en affirmations du type «Je me sens...». Kepner incite également ses élèves à faire suivre les «Je me sens...» d'une requête positive comme: «Je veux que tu attendes que j'aie fini avant de commencer à parler» plutôt que la demande négative: «Cesse de m'interrompre.» Les requêtes positives exigent qu'on soit précis et constructif plutôt que vague et négatif lorsqu'on demande aux autres de changer leur comportement. On trouvera dans l'appendice A (p. 188) une liste d'exemples de comportements perturbateurs dans les petits groupes; cette liste a été élaborée par Diane Kepner pour que les élèves puissent pratiquer les affirmations du type «Je me sens...» et les requêtes positives.

Lorsque les élèves ont maîtrisé ces habiletés, Kepner peut intervenir dans les situations conflictuelles en leur demandant de «rejouer» ce qui s'est passé dans le groupe en utilisant une autre manière d'exprimer qu'on est en détresse ou en désaccord. Lorsque les membres du groupe peuvent se parler d'une manière constructive, ils sont souvent capables de poursuivre le travail ensemble. Kepner précise cependant que ces interventions ne fonctionneront pas si la source du conflit est une difficulté sérieuse et ancienne entre les élèves ou un problème aigu dans l'école. Si les élèves ne peuvent mettre de côté cet antagonisme pour travailler ensemble en classe, elle change la composition des groupes; et dans le cas de problèmes sérieux comme les conflits entre bandes rivales, elle peut envoyer les élèves consulter le service de counselling.

Ce ne sont pas seulement les paroles des gens qui blessent; le langage du corps indique également le rejet, la haine ou la colère. Beaucoup d'élèves ne sont pas conscients des messages qu'ils transmettent avec leur corps. Kepner suggère de leur expliquer l'importance de cette forme de communication. Les expressions du visage, les postures et les gestes font partie du langage du corps. Kepner explique que la signification de ces messages est ambiguë et que, par exemple, un regard perçu comme hostile ne l'est pas nécessairement. Elle divise les élèves en groupes et leur dit qu'ils devront jouer une situation en utilisant le moins de mots possible. Le reste de la classe doit interpréter leur langage du corps pour comprendre le message. À partir de son expérience des problèmes de groupes, Kepner a proposé aux élèves de mimer les situations suivantes:

- deux membres d'un groupe sont assis l'un à côté de l'autre et tiennent le livre de manière à ce que les autres ne puissent le voir;
- deux membres s'assoient face à face et se rapprochent de manière à exclure le troisième membre pendant qu'ils écrivent ou discutent du projet;
- des membres du groupe discutent activement pendant qu'un autre se retire;
- pendant la discussion, des membres montrent sans cesse, par des expressions faciales ou d'autres mouvements, qu'ils n'acceptent pas les contributions d'un des leurs;
- un membre du groupe montre qu'il ne veut pas travailler avec une nouvelle arrivée;
- pendant la présentation à la classe, une personne montre qu'elle ne veut pas être associée aux autres;
- pendant la préparation d'une pièce, un membre du groupe est traité comme un incapable.

Pour assurer un suivi à cet exercice, Mme Kepner observe ultérieurement les groupes. Lorsqu'elle repère un signe non verbal négatif, elle dit au groupe: «Regardez comment vous êtes assis pour travailler. Qu'est-ce que vous communiquez les uns aux autres?» Et souvent, elle laisse le groupe déterminer le problème et trouver la façon de le corriger.

LES NORMES: UN OUTIL DE TRAVAIL

Lorsque vous aurez terminé avec succès un programme de formation, vous constaterez que l'intériorisation des nouvelles normes a une importance pratique considérable. Les élèves s'occupent eux-mêmes d'une grande partie du travail habituellement fait par l'enseignant; le groupe s'assure que tous comprennent ce qu'il faut faire; il aide à garder tout le monde intéressé à la tâche; les membres des groupes s'entraident. Plutôt que ce soit l'enseignant qui doive contrôler les comportements de chacun, ce sont les élèves qui se prennent eux-mêmes en charge et qui s'occupent des autres.

Plusieurs éducateurs considèrent la préparation à la coopération comme un processus de socialisation morale; ils se demandent si c'est là une fonction de l'école, alors qu'il y a tant d'autres objectifs que doit réaliser l'éducation publique. Même si les données de la recherche montrent que la formation à la coopération produit des effets de socialisation, ce n'est pas la seule raison pour laquelle l'apprentissage coopératif vaut le temps qu'on y consacre. La formation permet de recueillir les bénéfices du travail de groupe: un apprentissage actif et une meilleure performance scolaire. De plus, si les séances préparatoires permettent l'intériorisation des normes, celles-ci seront transférables à toute situation de travail de groupe où elles sont pertinentes et utiles. Plus important encore, la formation au travail de groupe vous libérera de la nécessité d'exercer une supervision constante et vous permettra d'utiliser vos habiletés professionnelles à un niveau beaucoup plus élevé.

5 Planifier le travail de groupe

Dès le début de la planification du travail de groupe, l'enseignant doit se poser une question cruciale: quel type de travail les élèves effectueront-ils ensemble? C'est la réponse à cette interrogation initiale qui déterminera la nature du programme de formation à la coopération décrit au chapitre 4. La formation elle-même vient en deuxième lieu dans la planification, même si elle constitue la première expérience de travail de groupe pour les élèves.

La troisième étape de la planification consiste à créer ou à adapter les tâches que vos groupes devront effectuer. À la quatrième étape, vous devez préciser avec grand soin les conditions dans lesquelles se déroulera le travail de groupe. Comment les groupes seront-ils constitués? Quelles sont les instructions à donner et quel est le matériel que vous devez préparer? Quelle sera la disposition de la classe? Comment procéderez-vous pour assigner certains élèves à des groupes particuliers? Quand sera-t-il opportun de le faire? Finalement, à la cinquième étape de la planification, vous déciderez de la façon d'évaluer la performance des élèves.

La plus grande partie de votre tâche sera terminée avant même que les élèves n'aient amorcé leur travail. Si votre planification est bien faite, vous disposerez d'un modèle de base que vous pourrez utiliser pour d'autres tâches pendant la présente année et dans les années subséquentes. En développant chaque année un modèle comme celui-là, vous aurez bientôt en main un répertoire intéressant d'expériences pédagogiques réussies.

LES TYPES DE TRAVAIL DE GROUPE

Les objectifs que vous fixez pour le travail de groupe et le type d'interaction verbale que vous désirez privilégier déterminera le type de travail que les élèves feront ensemble. Il vous faut décider tout d'abord si vous visez un apprentissage relativement routinier ou un apprentissage conceptuel comportant des habiletés conceptuelles de haut niveau faisant appel à la créativité. Par objectifs routiniers, j'entends la résolution de problèmes ayant une bonne réponse claire ou une série de procédures standardisées comme la mémorisation de faits, la compréhension d'une lecture obligatoire ou d'un texte lu par l'enseignant, la révision en vue d'un test, l'application d'une formule mathématique, la répétition d'une expérience scientifique classique, les exercices de prononciation et de mémorisation de vocabulaire, ou encore la maîtrise des habiletés pour utiliser des cartes en sciences humaines. Beaucoup d'enseignants se servent de l'apprentissage coopératif avec de tels objectifs. Les objectifs conceptuels désignent au contraire la capacité de saisir et de comprendre une idée abstraite de manière à pouvoir la reconnaître et à l'appliquer dans des contextes différents, celle d'avoir plusieurs points de vue sur une question, de communiquer des idées abstraites oralement et par écrit, de créer une représentation dramatique ou artistique d'un ensemble d'idées, de développer des habiletés conceptuelles de haut niveau, de formuler une hypothèse, de concevoir et de planifier une expérience, de faire une recherche en bibliothèque, d'inventer ou de créer la solution d'un problème qui peut avoir plusieurs bonnes réponses.

Vous devez ensuite décider du type d'interaction que vous voulez voir et entendre lorsque vous circulez parmi vos groupes. Lorsque vos groupes travaillent à des tâches routinières, vous voulez sans doute les entendre se poser mutuellement des questions et s'entraider patiemment par des explications précises. Vous voulez voir les élèves expliquer à leurs camarades comment faire les choses ou s'exercer en préparation d'un jeu-questionnaire. Vous espérez voir les élèves forts aider les plus faibles pour qu'ils reçoivent l'attention que vous ne pouvez pas toujours leur fournir.

Dans les groupes qui travaillent avec des objectifs conceptuels, l'interaction souhaitée n'est pas censée amener les plus forts à aider les plus faibles. Vous voulez plutôt un échange d'idées où les élèves se stimulent mutuellement et où la contribution de chacun constitue un apport pour chaque membre du groupe. Vous espérez également voir des échanges de haut niveau où les membres du groupe présentent d'une façon structurée leurs stratégies, leurs déductions et leur argumentation. L'échange doit apparaître comme un jeu où les membres créent des modèles physiques, reconnaissent des structures et utilisent leur imagination. Les élèves ne doivent pas avoir peur de risquer des hypothèses et des suggestions apparemment farfelues pour stimuler la pensée créatrice des autres. Les participants ne doivent pas être indûment préoccupés par la bonne réponse ou par ce que pense l'enseignant.

Une fois que vous avez précisé vos objectifs et le type d'interaction que vous désirez, vous avez déjà déterminé en grande partie la façon dont vos élèves travailleront ensemble. Le travail individuel réalisé en collaboration est un modèle très courant pour les tâches routinières: on donne aux élèves des tâches qu'ils pourraient normalement réaliser seuls, mais on leur demande de travailler ensemble et de s'entraider. Ce type de travail de groupe n'est efficace que si les élèves sont vraiment motivés à s'entraider et s'ils sont capables de donner de très bonnes explications. Si ces conditions ne sont pas présentes, les élèves plus faibles ne recevront pas l'aide dont ils ont besoin pour terminer la tâche (Webb, 1991). Le travail individuel en collaboration est un exemple de ce que j'appelle un *modèle de travail de groupe à interaction limitée*. L'interaction sert principalement à fournir de l'information sur la façon de procéder et sur le contenu; et cette information viendra probablement des élèves les plus forts.

La participation à tour de rôle est un autre exemple d'interaction limitée qui convient pour les tâches routinières. Les élèves peuvent s'exercer chacun leur tour à épeler ou à mémoriser des termes de vocabulaire. Ils peuvent également dire chacun leur tour quelle est la bonne réponse à un problème et pourquoi. Ils peuvent même prendre chacun leur tour le rôle du professeur et résumer les principaux points du cours pendant que les autres jouent le rôle des élèves en posant des questions et en demandant plus d'explications. Des recherches ont montré que cette forme de discussion orale structurée est nettement supérieure à la discussion libre lorsqu'on mesure le succès par la rétention de l'information dans un test (Yager, Johnson et Johnson, 1985).

Lorsque vos objectifs sont moins routiniers et plutôt d'ordre conceptuel, le travail de groupe devrait suivre un *modèle d'échanges égalitaires*. Pour créer des échanges égalitaires, vous aurez besoin d'une *tâche de groupe* vraiment conçue de manière à ce que personne ne puisse facilement accomplir la tâche seul. Les membres du groupe s'apercevront qu'ils doivent échanger librement leurs idées pour atteindre le but fixé par l'enseignant. Si la tâche peut être réalisée individuellement, il n'y aura pas de motivation à échanger librement des idées; tout dépendra de la volonté de celui qui sait comment faire le travail d'aider ceux qui ne le savent pas. Si vous voulez qu'il y ait des échanges égalitaires, vous éviterez de diviser trop nettement le travail entre les participants, car, si chacun a son propre travail à faire, il n'est plus nécessaire de parler et d'échanger des idées. Pour atteindre un objectif conceptuel, il faut aussi donner au groupe un problème dont la solution est incertaine et doit être définie par le groupe.

Pour qu'il y ait des échanges égalitaires, il faut encourager les membres du groupe à s'exprimer le plus possible. Des recherches ont montré que le succès d'un groupe faisant face à une tâche ou à un problème dont la solution est incertaine dépend de la quantité d'échanges et d'interactions (Cohen, Lotan et Leechor, 1989). Il faut donc choisir des formes de travail de groupe qui ne limitent pas le nombre d'interactions.

Dans une analyse critique des recherches sur l'efficacité des petits groupes, j'en suis venue à la conclusion que les mesures d'apprentissage s'améliorent si le type de travail de groupe est adapté aux objectifs visés (Cohen, 1992). Le modèle de l'interaction limitée qui met l'accent sur l'acquisition d'information et sur les réponses correctes est adéquat et souvent supérieur dans le cas d'objectifs relativement simples. Mais s'il s'agit de maîtriser des habiletés intellectuelles de haut niveau, l'interaction doit être plus élaborée et moins encadrée. Nystrand, Gamoran et Heck (1991) ont fait une distinction similaire entre les tâches de groupe qui ne sont que des travaux individuels en collaboration et des tâches qui permettent aux élèves de définir le problème et de trouver eux-mêmes la solution. Dans un test de compréhension littéraire qui comprenait des questions faisant appel à la conceptualisation, ces chercheurs ont constaté que les classes de neuvième année passant beaucoup de temps dans des groupes de coopération qui exigeaient que les élèves résolvent eux-mêmes des problèmes obtenaient des résultats nettement plus élevés que les classes qui passaient peu de temps dans de tels groupes. Cependant, il est apparu que le travail individuel en collaboration, le type de travail de groupe le plus fréquemment utilisé, ne contribuait pas du tout à améliorer la capacité des élèves de traiter des questions faisant appel à la conceptualisation.

La responsabilité individuelle et collective

Quel que soit le type de travail de groupe que vous choisissez, le problème de la responsabilité est central et on doit le régler. Comment allez-vous procéder pour que les participants se comportent les uns avec les autres comme membres d'un même groupe? Il ne suffit pas d'attribuer une tâche unique au groupe. Même si tous ont le même but à atteindre, certains resteront en retrait et laisseront les autres faire le travail; c'est ce qu'on appelle le problème du «passager sans billet». Si vous tentez de régler la situation en donnant à chacun une tâche individuelle et en leur disant qu'ils doivent travailler ensemble et s'entraider, il est à prévoir que le groupe va se disloquer et que chacun va faire son travail individuellement. Donner à chacun une partie de la tâche en disant au groupe qu'il ne peut atteindre son objectif à moins que chacun n'accomplisse une partie de la tâche constitue une autre façon très répandue de résoudre le problème. Même si cette solution a l'avantage de permettre à chacun de contribuer au but du groupe, elle a l'inconvénient de ne fournir aucune motivation à l'entraide et à l'interaction libre.

Pour sortir de cette impasse, il faut faire appel à la responsabilité *individuelle* et *collective*. Les recherches que j'ai examinées indiquent qu'on obtient de meilleurs résultats lorsqu'on exige une production individuelle *et* une production de groupe. Les individus doivent être responsables d'une réalisation individuelle basée sur leur participation au groupe. Cette réalisation individuelle peut être créée pendant la rencontre, prendre la forme d'une performance individuelle dans un test portant sur le contenu intellectuel de l'activité du groupe ou être un devoir portant sur l'activité du groupe. En plus de la production individuelle, le groupe doit également être tenu responsable de son activité collective. Cela peut se faire en exigeant que le groupe fournisse une production à la suite de ses discussions: une présentation à la classe, la création d'un modèle physique, les résultats d'une expérience ou un rapport de groupe.

Slavin préconise une autre méthode pour s'assurer que le groupe se sente collectivement responsable: la compétition entre les groupes et l'attribution de récompenses aux meilleurs groupes. Après avoir analysé 41 études qui comparaient différentes stratégies d'apprentissage coopératif à l'apprentissage individualisé traditionnel, il est arrivé à la conclusion suivante: l'apprentissage coopératif améliore la performance lorsque les élèves reçoivent des récompenses pour leur travail de groupe, tout en étant individuellement responsables de leur apprentissage (1983). Dans la technique STAD (Student Teams-Achievement Division), le modèle le plus utilisé d'apprentissage coopératif parmi ceux qui ont été développés par Slavin et son équipe, les individus passent un test sur leur performance individuelle et reçoivent une note individuelle. On accorde également une note de groupe reflétant les progrès enregistrés par tous ses membres par rapport à leurs performances antérieures. Le groupe dont la note est la plus élevée reçoit un certificat, ou encore, le score du groupe gagnant est publié dans le journal de l'école ou inscrit sur un tableau d'affichage. Lorsqu'il explique comment la coopération améliore la performance scolaire, Slavin insiste autant sur la responsabilité individuelle que sur les récompenses pour le travail de groupe. Selon lui «les récompenses pour le travail de groupe n'ont un effet positif sur l'apprentissage que si chacun des membres est en même temps responsable de son apprentissage» (Slavin, 1983, p. 59).

L'efficacité des récompenses dans le travail de groupe ne signifie pas qu'il est impossible de rendre les individus responsables ou de les inciter à participer sans de telles récompenses. Les récompenses sont plus importantes pour le travail individuel en collaboration faisant appel à une interaction limitée; dans ce cas, il est nécessaire d'inciter ceux qui pourraient accomplir la tâche individuellement à interagir et à aider ceux qui ont de la difficulté. Mais les récompenses ne sont pas nécessaires lorsqu'on utilise un modèle d'échanges égalitaires; les élèves sont alors motivés à terminer une tâche de groupe stimulante et intéressante qui exige la contribution de tous pour aboutir à de bons résultats. Les participants veulent impressionner la classe par la qualité de leur présentation et ne veulent pas paraître stupides ou mal préparés. De nombreuses études ont montré le lien qui existe entre des progrès importants dans la capacité de conceptualisation et la motivation par des tâches intrinsèquement intéressantes et stimulantes. Dans le cas de telles tâches, l'enseignant a suscité la responsabilité individuelle en exigeant des comptes rendus personnels ou en attribuant aux personnes la responsabilité d'une portion du produit final (Sharan *et al.*, 1984, Cohen, 1991).

LA CRÉATION DE LA TÂCHE

Le choix de la tâche dépend évidemment de vos objectifs d'apprentissage. Si vous enseignez les sciences humaines et si vous voulez que vos élèves voient la démocratie en action, il vous faut des tâches où le groupe parviendra à une décision collective après délibération. Par contre, si vous voulez que les élèves comprennent la relation entre la surface et le périmètre, la tâche devrait leur permettre de découvrir la nature de cette relation pour différentes formes géométriques. Si votre objectif est social, par exemple la réduction des stéréotypes sexuels dans la classe, il vous faudra choisir une tâche stimulante, comme réaliser un enregistrement vidéo qui permettra au groupe de faire l'expérience de la coopération dans un contexte très gratifiant.

Les tâches conçues selon le modèle des échanges limités ressemblent davantage aux activités scolaires habituelles que les tâches relevant du modèle des échanges égalitaires. Lorsque vos objectifs sont conceptuels plutôt que routiniers, il vous faudra créer une tâche complexe, faisant appel à des habiletés multiples, une tâche qui exige un plus large éventail d'habiletés intellectuelles que les tâches scolaires conventionnelles. Une tâche à habiletés multiples

- comporte plus d'une réponse ou plus d'une façon de résoudre le problème;
- est intrinsèquement intéressante et gratifiante;
- permet à chaque élève d'apporter une contribution différente;
- utilise plusieurs médias;
- fait appel à la vue, à l'ouïe et au toucher;
- exige une variété d'habiletés et de comportements;
- exige également la lecture et l'écriture;
- constitue un défi.

Je fournis plus d'information sur le concept des habiletés multiples dans la discussion sur les solutions aux problèmes de statut (*voir le chapitre 8*). Une tâche n'est pas appropriée au modèle des échanges égalitaires si

- elle n'a qu'une seule bonne réponse;
- elle peut être réalisée plus vite et plus efficacement par une personne que par un groupe;

- elle est trop simple;
- elle fait seulement appel à la mémorisation ou à l'apprentissage routinier.

Dans le cas des élèves plus jeunes, une tâche de groupe comportant une brève séance d'orientation et un retour sur le travail de groupe peut vous permettre d'atteindre les objectifs de votre cours. Par exemple, les élèves peuvent découvrir comment prendre des coordonnées sur une carte en situant le lieu de résidence de chaque membre du groupe de leur localité. Quant aux élèves plus âgés, le programme scolaire comporte une telle quantité d'informations et d'habiletés intellectuelles préalables qu'une tâche de groupe ne peut répondre à toutes les exigences à la fois. L'activité de groupe est utilisée en conjonction avec les manuels, les discussions générales, les cours avec projection de diapositives, les démonstrations par l'enseignant et les exercices de mise en pratique des habiletés. Le travail de groupe peut être un aboutissement qui fournit aux élèves un cadre excitant pour synthétiser et appliquer ce qu'ils ont appris. Ou encore, le travail de groupe peut être utilisé pour enseigner des concepts centraux qui sont difficiles à comprendre par la lecture, les cours ou les discussions seulement. Prenons, par exemple, le concept très important et très abstrait de «système» en biologie. Les élèves peuvent découvrir la différence entre un groupe d'objets et un système en démontant et en remontant une lampe de poche, en reliant les plantes et les animaux pour former une chaîne alimentaire ou en créant un mécanisme à partir de vieux objets. Lorsque des élèves plus âgés ont de la difficulté à lire les manuels, le travail de groupe peut les aider, dans une phase d'introduction, à utiliser un nouveau vocabulaire ou à saisir des concepts centraux grâce à la manipulation d'objets ou à la discussion. La lecture du manuel est beaucoup plus facile quand ils n'ont plus à se familiariser avec un vocabulaire ou des concepts nouveaux en plus d'effectuer le décodage routinier.

Si l'apprentissage conceptuel visé représente un défi pour les élèves, une seule tâche de groupe ne sera probablement pas suffisante pour leur permettre de saisir l'essentiel de l'idée. L'équipe du Program for Complex Instruction a utilisé avec succès, pendant plusieurs années, la méthode consistant à donner une tâche différente à chaque groupe de la classe. Les tâches se rattachent toutes à une «grande idée», mais chacune illustre le concept avec des matériaux et des produits différents. Par exemple, dans le cours de sciences humaines d'une classe de septième année, l'enseignement sur les Croisades développé par l'équipe comporte une tâche dont le concept central porte sur la façon dont les historiens parviennent à connaître les périodes historiques anciennes. Certains groupes d'élèves étudient des plans de châteaux et des photos de ruines, d'autres écoutent des enregistrements de chants de croisades, d'autres analysent le texte d'un discours du pape Urbain et d'autres encore examinent les représentations mi-humaines des infidèles dans le *Manuel des croisés*. Les élèves passent plusieurs jours sur le projet, ce qui leur permet de toucher tous les médias: les textes, la musique et le matériel illustré. Chacun doit écrire un rapport où il fournit ses réponses aux questions discutées par le groupe.

Chaque groupe présente des produits qui exigent une variété d'habiletés intellectuelles. Certains élèves créent leur propre version d'un château de l'époque des croisades et montrent comment il peut être défendu, d'autres écrivent une chanson sur des événements d'actualité, donnant ainsi un écho musical à l'esprit des croisades, et d'autres encore créent un sketch qui illustre la façon dont le *Manuel des croisés* était utilisé pour recruter les paysans naïfs. Lorsque les élèves présentent leurs productions, l'enseignant suscite une discussion générale sur les différentes sources utilisées par les historiens.

LE DÉROULEMENT DU TRAVAIL DE GROUPE

Le travail de groupe doit être soigneusement planifié. Il faut prévoir une séance d'orientation où on attire l'attention des élèves sur les concepts importants sous-jacents à l'activité et où on leur présente les défis du travail avec les autres. Il y a avantage à ne pas s'étendre sur les instructions spécifiques, qu'on inscrira plutôt sur les fiches d'activité destinées à chaque groupe. Plusieurs décisions sont obligatoirement prises avant que les élèves commencent le travail de groupe: Quelle sera la taille des groupes? Comment les élèves seront-ils répartis dans chacun des groupes? Où les groupes seront-ils placés dans la classe? Si vous n'avez pas pensé à tout cela à l'avance, vous devrez être partout à la fois, en train de résoudre les problèmes causés par votre manque de planification. Enfin, il est nécessaire de prévoir une période de synthèse, où les élèves seront encouragés à faire le lien entre leurs expériences de groupe et les objectifs d'apprentissage.

La séance d'orientation

En guise de séance générale d'orientation, vous pouvez présenter les concepts centraux avec des diapositives, une démonstration de phénomènes scientifiques, un film suivi d'une discussion ou une activité dirigée. Si l'exécution de la tâche de groupe présuppose l'acquisition de connaissances complexes, il peut être sage de donner un cours sur le sujet la veille de la séance du travail de groupe.

La séance d'orientation peut aussi être utilisée pour rappeler aux élèves les normes de la coopération et les rôles qui seront particulièrement importants pendant les activités. Cependant, il n'est pas souhaitable d'insérer dans cette séance d'orientation une explication détaillée des habiletés interpersonnelles et des rôles. Surcharger la séance d'orientation, qui dure souvent trop longtemps, est une erreur fréquente; on peut la prévoir en faisant bien la distinction entre ce qui doit être dit à l'avance et ce que les élèves peuvent découvrir eux-mêmes ou à travers les instructions écrites. Rappelez-vous qu'il ne s'agit que d'orienter les élèves, et non d'enseigner les activités avant que les groupes ne s'y engagent.

Les séances d'orientation ou d'information peuvent également vous permettre d'atteindre d'autres objectifs. Si vous avez créé une tâche complexe qui fait appel à des habiletés, c'est le moment d'aborder la question du statut (*voir le chapitre 8*) en discutant de ces multiples habiletés. La séance d'orientation peut aussi servir à motiver les élèves en faisant des liens entre les activités de groupe et la vie contemporaine ou leurs préoccupations personnelles.

Les instructions écrites

Pour tous les élèves, sauf les très jeunes, on peut inscrire dans la fiche d'activité la plus grande partie des explications sur la marche à suivre. (Les instructions écrites fonctionnent très bien pour les élèves de deuxième année.) En se référant à la fiche, et après avoir assisté à une brève présentation de l'activité dans la séance d'orientation, les membres du groupe sauront ce qu'il faut faire.

Les instructions écrites doivent être assez claires pour que le groupe puisse fonctionner sans assistance extérieure. On peut laisser au groupe la responsabilité de résoudre certains problèmes. Vous pouvez aider les élèves à faire face aux situations incertaines, non en répondant rapidement à leurs questions, mais plutôt en les encourageant à résoudre eux-mêmes quelques-uns des problèmes.

L'erreur la plus fréquente des enseignants dans la rédaction des fiches d'activité est de fournir trop de détails; on a l'impression qu'ils montrent à un individu, étape par étape, à exécuter une tâche technique. Bien que cette profusion de détails vise à fournir de l'assurance, elle a un effet paralysant sur la discussion de groupe; il ne reste rien à discuter! De plus, on crée inutilement de la confusion chez les élèves en leur expliquant les choses en trop de mots et avec trop de détails. Si vous voulez que le groupe utilise le tâtonnement pour arriver lui-même à une solution, demandez-lui de trouver sa propre façon de résoudre certains problèmes bien sélectionnés. Même les élèves les plus jeunes sont tout à fait capables de faire face à ce défi. Vous voulez poser aux élèves des questions qui les amèneront à discuter, à expérimenter et à découvrir. N'ayez pas peur d'utiliser des grands mots; dans la mesure où quelqu'un dans le groupe est capable de les lire (ou peut les chercher dans le dictionnaire), le groupe peut très bien fonctionner. Mon exemple favori d'instructions comportant exactement le bon niveau d'incertitude productive est emprunté au programme *Finding Out/Descubrimiento*, décrit en détail au chapitre 10. Une des fiches d'activité accompagne un modèle gonflable de stegosaure, une ficelle et une règle métrique. Elle contient l'instruction suivante: «Mesurez le tour de taille du dinosaure.» Les jeunes élèves n'ont d'autre choix que de déterminer eux-mêmes où se trouve la taille de la bête et ils découvriront que la seule façon de la mesurer est de l'entourer avec la ficelle et de mesurer celle-ci avec la règle.

Lorsqu'on travaille avec des élèves plus âgés qui peuvent recevoir plus d'information écrite, on utilise souvent la fiche ressource en plus de la fiche d'activité. Par exemple, dans un module d'enseignement sur le système de vision, on demande aux élèves de construire un œil qui aura des capacités supérieures à celles de l'œil humain. Ils doivent présenter un projet à un investisseur potentiel décrivant les avantages et les caractéristiques particulières de leur œil. La fiche ressource contient de l'information sur les yeux des animaux et des êtres humains. Cependant, elle ne contient pas la réponse aux questions posées sur la fiche d'activité, car cela enlèverait toute l'incertitude créatrice de la tâche.

Cependant, certaines sortes d'incertitudes sont improductives. Supposons que vous n'ayez pas indiqué clairement que vous voulez que le groupe fasse une présentation à la classe. Ce manque de clarté peut gravement perturber le déroulement du travail. Vous pouvez éviter plusieurs de ces erreurs en testant au préalable vos instructions avec un collègue, un assistant ou un parent volontaire. Si le groupe doit faire une présentation, il faut lui indiquer combien il aura de temps, combien de membres pourront y participer et quelles formes de présentation sont permises ou suggérées. Vous avez avantage à uniformiser ces directives dans votre classe, afin de ne pas avoir à répéter l'information pour chaque séance de travail de groupe.

Il faut inviter avec insistance les élèves à lire les instructions et ne pas les laisser se plonger dans la tâche à l'aveuglette, surtout s'ils ont un matériel fascinant à observer et à manipuler. Ne fournissez qu'une copie, au maximum deux, de la fiche d'activité. S'il y en a une pour chacun, les élèves seront portés à la lire en silence et il n'y aura pas de discussion.

La taille des groupes

Les groupes de plus de cinq élèves nuisent parfois à la participation à l'interaction. J'ai toujours trouvé que la taille optimale d'un groupe de discussion était de quatre ou cinq personnes. Dans les groupes plus grands, il y a plus de risques que l'un des membres soit presque entièrement écarté de l'interaction.

Le principal argument en faveur de groupes plus grands est le besoin d'un plus grand nombre de participants pour des projets à long terme; le grand groupe se subdivise alors en sous-groupes de travail chargés d'accomplir une partie de la tâche. La difficulté de ce type d'organisation est d'arriver à un consensus sur la division du travail et sur la contribution de chacun aux petits groupes de travail. Il est possible que l'enseignant ait à intervenir à cette étape pour s'assurer que chacun a pu s'exprimer et se sent solidaire de la décision collective. Rappelez-vous que plus le groupe est grand, plus il est difficile d'aménager le temps et le lieu des rencontres et des activités du groupe.

Par ailleurs, un groupe de trois personnes seulement entraîne des problèmes particuliers. Il y a une forte tendance à la formation d'une coalition de deux des membres du groupe, ce qui amène le troisième à se sentir isolé et écarté. Un groupe de deux élèves est idéal pour certaines tâches, par exemple pour les exercices avec des cartes d'épellation. Mais si la tâche est exigeante et requiert des habiletés scolaires ou de la créativité, il est fort possible que certains groupes de deux élèves n'aient pas les ressources nécessaires pour la terminer.

La composition des groupes

Il faut former des groupes mixtes sur le plan de la performance scolaire, du sexe et des autres caractéristiques de statut comme la race ou l'ethnicité. L'enseignant peut créer cette hétérogénéité en formant lui-même les groupes et en indiquant ensuite à chaque élève le groupe dont il fait partie; il peut également permettre aux élèves de choisir leur groupe selon leur intérêt pour les sujets particuliers que chaque groupe étudiera. Il n'est pas nécessaire que chaque groupe soit représentatif de la diversité de la classe quant aux groupes ethniques et au sexe. Cette approche à l'inconvénient d'indiquer aux élèves sur quelle base on a composé les groupes. Les participants auront tendance à considérer les membres de leur groupe comme des représentants de leur groupe ethnique ou de leur sexe et non comme des personnes ayant leur individualité propre (Miller et Harrington, 1990). Si vous modifiez la composition de vos groupes pour chacune des activités, les élèves auront la chance de travailler au moins une fois avec tous les élèves de la classe, et il n'y a pas de mal à ce qu'à l'occasion un groupe soit composé entièrement de garçons ou de filles. L'important est d'éviter les groupes composés exclusivement d'élèves faibles qui n'auront pas les ressources nécessaires pour réussir la tâche proposée.

Il est préférable de ne pas permettre aux élèves de choisir leurs amis comme partenaires de travail. Les élèves doivent être amenés à distinguer le travail de groupe des jeux; lorsque des amis se retrouvent dans un même groupe, ils ont habituellement tendance à jouer plutôt qu'à travailler. De plus, les élèves sans amis ne seront pas choisis ou seront rejetés par de tels groupes. Les enseignants craignent souvent que les élèves ne se rebellent si on les oblige à travailler dans un groupe qu'ils n'ont pas choisi. Cela ne se produira pas si vous expliquez clairement aux élèves les buts du travail de groupe et si vos décisions sont fermes et efficaces.

Lorsque vous formez vos groupes, il arrive que certains élèves sont susceptibles de causer des problèmes lors de la formation des groupes. Par exemple, un élève qui a un important retard par rapport aux autres dans des habiletés fondamentales requises pour la tâche constitue un de ces cas problèmes. Ceux qui ont de grandes difficultés à travailler avec les autres doivent également faire l'objet d'une attention spéciale lorsqu'on constitue les groupes. Ces élèves attaqueront les autres et chercheront à les importuner et à les distraire pour attirer leur attention à tout prix, même s'il s'agit d'une attention négative. Chez les plus jeunes, les enfants hyperactifs posent souvent un problème pour les autres élèves et pour l'enseignant.

Cherchez à placer les individus à problèmes avec au moins une personne fiable. Les enfants hyperactifs devraient être placés avec un élève qui peut s'en occuper et les empêcher de déranger et de distraire les autres. (Je suggère souvent une «grande sœur autoritaire» dans cette situation.) Un élève qui ne parle pas la langue d'enseignement aura besoin d'un camarade bilingue qui pourra agir à titre d'interprète. L'élève qui a du retard dans les habiletés fondamentales a besoin d'un camarade qui n'a pas de difficulté; il n'est pas nécessaire que ce soit le meilleur élève de la classe.

Lorsque les élèves seront habitués à lire, à discuter et à écrire dans le cadre du groupe, vous noterez que certains élèves problèmes font des progrès et que vous n'avez plus à vous en inquiéter. Il ne faut jamais considérer l'étiquette d'élève problème comme permanente ou comme une caractéristique immuable de la personne. De même, évitez de considérer certains élèves comme des leaders naturels. La plupart des élèves sont capables d'exercer des fonctions de leadership s'ils sont bien préparés et si vous insistez pour qu'ils jouent leur rôle.

Faites connaître le plus tôt possible aux élèves les groupes auxquels ils appartiennent. Placez la liste des membres de chaque groupe au tableau ou sur un acétate, avec une carte indiquant où chaque groupe doit travailler. Ou encore, indiquez à chacun le groupe dont il fait partie en haut du formulaire individuel remis à chaque élève pour qu'il y écrive son rapport. La façon la plus efficace de former des groupes est de fabriquer ou d'acheter un tableau muni de pochettes où l'on peut placer des cartes portant les noms des élèves de la classe (*voir la figure 5.1*). On peut en trouver dans la plupart des magasins d'articles scolaires. Les élèves peuvent ainsi voir immédiatement de quel groupe ils font partie et quel rôle ils jouent. On discutera dans le chapitre suivant des différents rôles. Placez les cartes dans les pochettes appropriées et habituez les élèves à vérifier dans quel groupe ils sont dès qu'ils entrent dans la classe.

FIGURE 5.1 Exemple de tableau indiquant aux élèves la composition des groupes et l'attribution des rôles

Numéro du groupe	Rôle: FALICITATEUR	RAPPORTEUR	VÉRIFICATEUR	RESPONSABLE DU MATÉRIEL
1	Anita	Josée	Lucie	Robert
2	Caroline	Éric	Julie	Myriam
3	Luc	Yannick	Jacob	Patrick
4	Maryse	Chantal	Simon	
5	Richard			
6				
7				

L'aménagement de la classe

Les membres des groupes de discussion doivent être placés de manière à ce que chacun puisse voir et entendre tous les autres. Le cercle est le meilleur arrangement. Il risque de n'y avoir que très peu d'interaction entre les membres d'un groupe qui doivent se tordre le cou pour s'apercevoir. Placez les groupes aussi loin les uns des autres que le permet la dimension de la salle de classe, afin qu'ils ne soient pas dérangés par les discussions des autres.

Si les membres du groupe doivent travailler avec du matériel à manipuler, des livres ou des imprimés, il faut bien préparer l'espace de travail. Les membres du groupe ne doivent pas être obligés d'attendre parce qu'il n'y a pas de place pour travailler. Le manque d'espace peut les conduire à se désintéresser de la tâche et faire échouer les projets. Si les membres du groupe n'ont pas suffisamment d'espace pour réaliser leur tâche, ils risquent de ne pas être capables de résoudre les problèmes; par exemple, le matériel tombe de la table, les élèves se bousculent et il semble que rien ne fonctionne.

L'aménagement des centres d'apprentissage exige un réarrangement des tables et des chaises. Il faut prendre en considération la quantité d'espace exigée pour la circulation des élèves et le travail de chaque groupe. Si les tables obstruent la circulation, les élèves passeront leur temps à se déranger mutuellement. Vous pouvez dessiner une carte de l'arrangement de votre classe pour bien prévoir la façon dont les élèves se déplaceront. Si les meubles de votre classe ne peuvent être déplacés, vous pouvez peut-être emprunter une autre salle pour le travail de groupe.

Le bruit est souvent un problème important dans les écoles à aire ouverte. Si les élèves travaillent aux centres d'apprentissage, on peut s'attendre à ce qu'il y ait passablement de bruit; c'est le signe que les groupes fonctionnent. Il est recommandé de vous entendre avec les autres enseignants qui ont des activités en même temps que vous afin de planifier votre travail de groupe en même temps que leurs activités les plus bruyantes.

Tout le matériel et tous les outils doivent être vérifiés à l'avance afin de s'assurer qu'ils fonctionnent. Évitez les ciseaux qui ne coupent pas et les aimants qui n'ont plus de force. Plutôt que de garder des articles comme des ciseaux ou de la colle à un point central, il est plus efficace de les placer à chaque centre d'apprentissage où l'on en aura besoin. La décentralisation du matériel permet d'éviter beaucoup de va-et-vient et les distractions qui en résultent.

Les enseignants de l'élémentaire doivent prendre des mesures de sécurité lorsque les élèves utilisent des outils tranchants, de la chaleur ou une flamme. Habituellement, un adulte supervise directement ces activités. Cette solution est cependant coûteuse, car les adultes sont une ressource rare. La discussion des stratégies pour utiliser les matériaux dangereux lors de la séance d'orientation est une possibilité. On peut aussi désigner un enfant comme officier de sécurité en lui indiquant clairement quoi surveiller et quand appeler un adulte.

La somme de travail requise pour mettre sur pied des centres d'apprentissage munis des instructions et du matériel nécessaires peut rebuter les enseignants, déjà très occupés. Il faut plutôt enseigner aux élèves à faire ce travail; ils devraient déplacer eux-mêmes les meubles et installer le matériel requis. Si l'enseignant ajoute la liste du matériel requis dans la fiche d'activité, l'élève responsable peut prendre le matériel dans les espaces de rangement, pourvu que ces endroits soient bien étiquetés. (Dans la liste du matériel et les étiquettes, on peut remplacer les mots par des dessins.) Préparer un seau de plastique contenant le matériel et les fiches d'activité de chaque centre d'apprentissage est une autre stratégie efficace. L'élève chargé du matériel peut aller chercher le seau, distribuer le matériel et s'assurer que tout est remis en place une fois que la tâche est terminée. Il n'y a aucune raison pour que les enseignants fassent le nettoyage une fois que le travail est terminé; les élèves seront heureux de le faire si on leur précise que cela fait partie de leur tâche. Les élèves de première année font un excellent travail lorsqu'on leur demande d'aménager les centres d'apprentissage et de nettoyer; ils semblent adorer cette responsabilité.

Il peut arriver que les élèves veuillent en savoir plus sur le sujet de leur travail de groupe. Il faut que les sources d'information soient facilement accessibles, spécialement pour les élèves qui ont besoin d'être encouragés à chercher de l'information ou à lire des livres sur les sujets qui ont éveillé leur intérêt. Placez les ouvrages pertinents trouvés à la bibliothèque près du centre d'apprentissage où les élèves travaillent sur tel sujet particulier. Pour que tous les groupes puissent consulter les ouvrages de références et les dictionnaires, placez-les sur un chariot, afin que les élèves puissent transporter facilement les lourds volumes jusqu'à leur centre d'apprentissage. Ajoutez près de ces derniers des images, des cartes géographiques, des costumes et des objets qui inciteront les élèves à poser des questions, à approfondir leur réflexion et à creuser davantage le sujet. Le grand avantage de cette stratégie est de procurer au groupe qui a terminé son travail avant les autres du matériel pour pousser plus loin sa démarche. En quelques minutes de questionnement et de discussion, l'enseignant peut inciter le groupe à poursuivre son investigation avec le matériel qu'il a sous la main.

Le retour sur l'activité

Le retour sur le travail de groupe est une phase essentielle de l'apprentissage en coopération. Lorsque les élèves font une présentation à partir du travail de leur groupe, toute la classe partage ce que les autres groupes ont appris. Lorsque tous les groupes font la même tâche, on peut éviter que les rapports ne soient ennuyeux et répétitifs en demandant à chaque groupe de répondre à une question différente ou de parler d'un aspect différent de la tâche. L'enseignant peut utiliser les questions et la discussion pour établir les liens entre ces rapports. Des enseignants ont élaboré plusieurs stratégies efficaces. Ils demandent à la classe de comparer le travail des différents groupes et d'en faire ressortir les différences. Après chaque rapport, ils organisent des échanges en petits groupes pour préparer des questions ou des commentaires stimulants. Tous les rapporteurs sont invités à former une table ronde d'experts devant la classe. Ils peuvent s'adresser aux membres de leur groupe s'ils ont besoin d'informations additionnelles ou plus précises. Pour que le retour sur le travail de groupe soit intéressant, il importe par dessus tout d'en *varier* l'organisation.

L'ÉVALUATION DU TRAVAIL DE GROUPE

Chaque fois que j'organise une session sur les techniques de travail de groupe, les enseignants me demandent toujours: Comment pouvez-vous évaluer la performance des élèves lorsque la tâche est réalisée en groupe? Pour répondre à cette question, il faut distinguer l'apprentissage de l'attribution d'un rang ou d'une note. Nombre d'enseignants confondent la nécessité de fournir aux élèves une rétroaction sur leur travail et la responsabilité de leur donner une note.

Postulez au départ que les groupes et les individus ont besoin de savoir s'ils sont sur la bonne voie lorsqu'ils résolvent des problèmes. Ils ont besoin de situer leur performance par rapport à des critères intellectuels bien définis et de savoir comment améliorer leur produit. Ces besoins concernent l'apprentissage comme tel et il ne faut pas les confondre avec l'attribution d'une note.

Il y a de nombreuses façons de fournir une rétroaction sur l'apprentissage. Certaines tâches de groupe ont cette heureuse qualité d'intégrer un élément d'évaluation dans leur structure même.

Prenez une tâche comme faire fonctionner un appareil ou allumer une ampoule électrique. Les élèves sont capables de dire eux-mêmes s'ils ont réussi ou non. S'ils n'ont pas réussi et sont frustrés, vous pouvez les aider *non pas en leur montrant comment le faire correctement*, mais en les encourageant à essayer de nouvelles stratégies, à revenir à la fiche d'activité ou à expérimenter les idées de tous les membres du groupe. N'ayez pas peur de laisser les élèves se débrouiller seuls; c'est l'unique façon pour eux de saisir les concepts abstraits. On apprend grâce à ses erreurs.

Il n'est pas toujours nécessaire de vérifier si les élèves ont saisi les idées importantes après chacune des tâches du travail de groupe. Certains élèves peuvent échouer lorsqu'ils veulent saisir une idée dans une tâche donnée mais commencer soudainement à la comprendre dans une tâche ultérieure. Si vous vous préoccupez indûment de vérifier si chaque élève maîtrise le contenu de chaque tâche assignée, en insistant pour que chacun obtienne la bonne réponse pour chaque tâche, vous court-circuiterez toute la démarche d'apprentissage.

Si vous voulez savoir si les élèves font des progrès, examinez les rapports individuels recommandés pour chaque tâche de groupe. Les élèves doivent recevoir une rétroaction précise indiquant clairement ce qu'ils ont bien fait et ce qui pourrait être amélioré. Donnez les raisons de votre évaluation. Évitez les observations peu spécifiques comme «Très bien», «Magnifique», «Bravo». Si vous avez choisi des tâches complexes à habiletés multiples qui ont plusieurs bonnes réponses, chaque élève apprendra différentes choses de la même tâche. Si la tâche a ce caractère d'ouverture, vous n'utiliserez pas nécessairement des critères standardisés pour donner une rétroaction individuelle aux élèves. N'ayez pas peur de signaler aux élèves qu'ils n'ont pas une compréhension claire des concepts clés et qu'ils posent des hypothèses douteuses lorsqu'ils résolvent des problèmes mathématiques. Parfois, par exemple, les élèves écriront deux petites phrases alors que vous vous attendiez à un paragraphe bien structuré. Vous pouvez leur dire de répéter l'activité ou de réécrire leur rapport. Même s'ils ont reçu l'aide des autres pour établir leur rapport, ils doivent se sentir responsables de ce qu'ils ont écrit.

Il est possible de donner une rétroaction à certains individus lorsque vous vous adressez à l'ensemble de la classe: «J'ai noté que

José a été capable de remettre le groupe sur la bonne voie en soulignant que tous ne parlaient pas de la même question»; «Lorsque Alfonso a demandé de l'aide, Lila s'est montrée disponible»; «J'ai vu aujourd'hui que Jérémie avait créé un modèle qui a aidé le groupe à trouver comment résoudre son problème».

Comment évaluer une production de groupe? Vous pouvez fournir au groupe une rétroaction, qui doit toujours être honnête et claire, et qui doit préciser ce que le groupe a bien fait et ce qu'il pourrait améliorer. Des commentaires trop généraux («Beau travail!») peuvent plaire aux membres du groupe mais feront très peu pour améliorer l'apprentissage. Soulignez les ambiguïtés importantes dans les présentations des groupes. Il n'est pas nécessaire de corriger sur-le-champ toutes les erreurs mais vous pouvez préciser que certains points n'ont pas été compris et que vous vous attendez que le prochain groupe qui effectuera cette tâche trouvera une autre manière de voir le phénomène. Si vous trouvez difficile de préparer votre rétroaction en même temps que vous écoutez les présentations, prenez des notes et fournissez une rétroaction sur le fonctionnement et la production des groupes au début du cours suivant.

Vous pouvez aussi choisir une présentation dont l'idée centrale a été bien comprise ou dont le produit illustre un concept important et demander à des membres du groupe de fournir des explications additionnelles sur ce qu'ils ont appris. Cette approche a la double fonction de renforcer les apprentissages déjà acquis et de préparer les autres groupes à leur propre présentation, dans le cas où chaque équipe à une tâche différente. Pendant la synthèse finale, animez une discussion sur la façon dont les élèves ont mis en pratique les comportements coopératifs appris dans le programme de formation. Souvenez-vous que la classe a besoin d'une rétroaction sur le fonctionnement des groupes autant que sur la production.

L'évaluation par les pairs

Un processus d'évaluation par les pairs est présent dans toute interaction de groupe. Un des avantages de la coopération est que plusieurs élèves peuvent renforcer votre enseignement en fournissant une rétroaction à leurs pairs. Votre programme de formation comprendra bien sûr une partie sur la façon de fournir une rétroaction constructive, car les pairs peuvent être sans merci les uns envers les autres.

Si les critères d'évaluation sont clairs, les élèves peuvent apprendre à évaluer eux-mêmes la production du groupe. Lorsque chaque équipe présente le résultat de son travail, on peut montrer aux élèves quels critères sont légitimes et comment faire des critiques constructives. Cette stratégie permet de fournir au groupe une rétroaction tout en donnant à la classe une leçon intellectuelle et sociale importante.

Les élèves peuvent également évaluer la qualité du fonctionnement de leur groupe. Pour développer la capacité des élèves de faire une évaluation constructive de leurs pairs, utilisez les techniques d'observation et d'autocritique lors des séances de formation au travail de groupe (*voir le chapitre* 4).

Les tests

Plusieurs promoteurs de l'apprentissage coopératif recommandent de donner une note globale au groupe: l'individu dépend ainsi de l'effort du groupe pour obtenir une évaluation satisfaisante. Cela a toutefois l'inconvénient de compliquer l'évaluation par les pairs. Si l'un des membres du groupe est considéré comme incompétent pour la tâche, il risque de se voir interdire la participation à la production du groupe. L'élève perçu comme le plus compétent pour cette tâche sera encouragé à la prendre en charge. Il est donc préférable de fournir une rétroaction sur la production du groupe plutôt que de lui attribuer une note.

Beaucoup d'enseignants pensent que les élèves ne seront pas intéressés à participer à moins qu'on attribue une note à la production du groupe. Pourtant, si la tâche est stimulante et intéressante, les élèves trouveront le travail de groupe en lui-même très gratifiant. Le fait de savoir qu'ils recevront une rétroaction sur leur production les motivera également à terminer la tâche.

Devrait-il y avoir compétition entre les groupes pour les notes ou pour des prix accordés aux meilleures productions? La compétition accroît la motivation des élèves; c'est pour cette raison que de nombreux enseignants ne peuvent imaginer le travail de groupe sans récompenses. Cependant, les récompenses attribuées dans un contexte de compétition peuvent amener les membres à percevoir les autres plus négativement ou à les dévaloriser davantage que dans un cadre de coopération sans compétition (Miller, Brewer et Edwards, 1985; Johnson, Johnson et Maruyama, 1984). Dans une classe diversifiée sur le plan social et ethnique, les effets négatifs de la compétition entre les groupes peuvent souvent dépasser les avantages de la coopération en ce qui a trait à l'amélioration des relations entre les élèves (Cohen, 1992).

La compétition accentuera les problèmes de statut à l'intérieur des groupes, car les élèves de bas statut seront perçus comme diminuant les chances de gagner du groupe. De plus, la compétition encouragera les élèves à croire que l'apprentissage est une corvée qui n'est pas intrinsèquement gratifiante et pour laquelle on doit recevoir une récompense extérieure. Si les tâches sont complexes, comme je l'ai suggéré, on n'aura pas besoin de ces béquilles pour que les élèves soient motivés. Cependant, pour des tâches plutôt routinières, comme celles du travail individuel réalisé en collaboration, Slavin (1983) suggère une forme adoucie de compétition pour résoudre les problèmes de motivation. Ainsi, la méthode STAD préconise de fonder les notes des élèves sur l'amélioration de leurs résultats par rapport à ceux du dernier test. Ainsi, l'équipe n'est pas pénalisée par les membres moins forts. Au contraire, ce sont peut-être eux qui enregistreront les gains les plus importants dans leur apprentissage, grâce non seulement à l'aide des autres, mais aussi parce que la pression du groupe les maintient au travail.

À la suite d'une série de tâches de groupe conçues pour enseigner certaines habiletés ou certains concepts, vous pouvez préparer un examen pour évaluer la maîtrise de ces concepts par les individus. Cela vous fournira l'occasion d'attribuer des notes. Servez-vous des groupes pour préparer les élèves à l'examen; ceux qui ont travaillé ensemble à réaliser les tâches sauront s'entraider.

Il ne faut jamais évaluer les élèves en se basant sur leurs contributions individuelles à la production du groupe. Même s'il est possible qu'un élève n'ait apporté à peu près aucune contribution, on ne peut jamais savoir avec certitude si c'est sa faute. D'autres élèves peuvent avoir agi de manière à l'exclure. Comme le manque de participation individuelle peut aussi être la conséquence d'un problème de statut, il n'est pas juste de blâmer un élève pour les faibles attentes de compétence du groupe à son égard. Il peut également arriver que les instructions accompagnant la tâche ou le fonctionnement du groupe aient causé le problème. Dans un tel cas, il vaut mieux considérer que l'échec est dû à la technique de travail du groupe plutôt qu'à un individu. De plus, dire aux élèves que leurs contributions individuelles seront évaluées peut enlever à ceux qui sont de bas statut toute envie de prendre le risque de participer activement (Awang Had, 1972).

En somme, la meilleure attitude est de séparer l'attribution des notes de la nécessité de donner une rétroaction dans le processus d'apprentissage. La rétroaction peut souvent provenir des pairs autant que de l'enseignant. Elle peut avoir lieu pendant le travail de groupe, dans des rencontres individuelles avec l'enseignant ou pendant le retour sur le travail de groupe. Le retour sur l'activité, qui termine la séance de travail de groupe, est une occasion en or pour donner une rétroaction sur le fonctionnement et la production des groupes.

Les enseignants peuvent attribuer des notes en évaluant certaines productions individuelles réalisées dans le cadre du travail de groupe ou en préparant des tests de compréhension sur les concepts fondamentaux explorés pendant le travail de groupe. Lorsqu'il est bien conçu, le travail de groupe peut permettre aux élèves de faire des progrès importants même dans des tests de performance standardisés.

UN MOT SUR LA GESTION DU TEMPS

Après avoir établi une planification détaillée, il faut estimer la durée de chaque étape du travail de groupe. Combien faudra-t-il de temps pour la formation préalable? Les élèves auront-ils assez de temps pour faire leur première expérience de travail de groupe après la séance d'orientation? Si cette dernière dure trop longtemps, les élèves seront peut-être frustrés de devoir cesser le travail de groupe avant d'avoir terminé, ou il ne restera plus de temps pour le retour sur l'activité. La planification du travail de groupe pour des périodes de 50 minutes au premier et au deuxième cycle du secondaire constitue un défi particulier. Les enseignants décident souvent de consacrer toute une période à la séance d'orientation et à une activité générale de réchauffement. Ils utilisent la deuxième période pour le travail de groupe et pour la préparation des rapports individuels. Une troisième période est consacrée aux présentations par les élèves de leur travail de groupe et au retour sur l'activité. Il est important de préparer un horaire réaliste pour chacune des étapes et de le respecter.

6 Donner à chacun un rôle à jouer

Voici deux situations de travail de groupe où les élèves jouent des rôles différents. La première se passe dans un groupe de cinq élèves de quatrième année, dans une classe hétérogène sur le plan scolaire et ethnique où l'on utilise l'instruction complexe*. Le facilitateur est en train de lire la fiche d'activité qui fournit les instructions sur la façon d'obtenir des cristaux à partir d'une solution.

Le facilitateur: «Quels sont les changements que vous observez? Décrivez-les sur votre feuille de travail. Si la base s'assèche, ajoutez deux cuillerées d'eau et une cuillerée d'ammoniaque.» Bien. Comprenez-vous ce que nous sommes censés faire? (Les membres du groupe sourient et répondent oui de la tête. Le facilitateur cache le texte de la fiche d'activité.)

Le facilitateur: Très bien. Quel est le nom du centre? (Plusieurs membres du groupe se mettent à rire en levant la main. Le facilitateur désigne une fille.)

La fille: Le jardin des cristaux de sel?

Le facilitateur: C'est ça. (Il replace la fiche dans la boîte et demande au responsable du matériel de distribuer les objets. Le responsable distribue le matériel et présente les insignes de rôles au facilitateur, au responsable du nettoyage et au vérificateur, qui voit à ce que toutes les feuilles de travail soient complétées.)

Le responsable du matériel: Qui est rapporteur?

Le rapporteur: C'est moi. (Il prend l'insigne de rôle que lui tend le responsable du matériel. Le groupe passe environ cinq minutes à regarder les images sur la carte d'activité et à travailler avec le matériel.)

---

* L'«instruction complexe» est une forme particulière d'apprentissage en coopération développée à la Stanford University. (N.D.T.)

Le rapporteur: Hé, vous autres, il faut que j'écrive sur la feuille de rapport la réponse à cette question: que croyez-vous qu'il va se passer dans cette expérience scientifique? Et il ne suffit pas de donner votre prédiction; il faut aussi écrire pourquoi vous la faites. (Après quelques hésitations au début, puis avec de plus en plus d'excitation à mesure qu'ils progressent, les membres du groupe se mettent à parler de la façon dont les cristaux se formeront selon eux, à partir de ce qu'ils voient sur l'image.)

Le second exemple provient du rapport écrit de deux enseignants du secondaire au début de leur carrière. L'un d'eux enseignait pendant que l'autre agissait à titre d'observateur. L'observateur présente son rapport à la classe de géométrie de Mike Léonard; c'est une classe de mathématiques pour les plus faibles.

C'est un groupe amical d'élèves qui semblent avoir de bonnes relations entre eux et avec leur enseignant. M. Léonard commence son cours par une brève révision du devoir que les élèves devaient faire la veille à la maison. Ce devoir comportait des habiletés nécessaires au travail de groupe d'aujourd'hui. Il utilise un projecteur à acétates; les élèves posent beaucoup de questions. M. Léonard décrit ensuite la tâche à exécuter. Chacun des élèves a au moins une équation d'une ligne pour laquelle il doit trouver trois couples sur un plan cartésien et tracer la droite correspondante. À la fin, toutes les droites seront reportées sur un même plan et les groupes devront trouver et expliquer la position de *y*, point d'intersection de toutes les droites. M. Léonard a placé du papier quadrillé et une règle sur chaque pupitre avant le cours.

Maintenant, M. Léonard lit et explique l'information écrite au tableau. Cette information inclut une liste des comportements que l'on attend du facilitateur: 1) s'assurer que chacun participe; 2) s'assurer que la tâche est terminée en 20 minutes; 3) demander de l'aide à l'enseignant si aucun membre du groupe n'est capable de répondre à une question.

Les groupes ont été composés d'avance et les élèves savent déjà à quel groupe ils appartiennent et où ils travaillent. Le rôle de facilitateur n'est pas fixe; les facilitateurs d'aujourd'hui ont reçu un insigne pour indiquer leur fonction. Un élève a le rôle de dessinateur et il doit reporter les graphiques de chacun des participants sur un seul plan cartésien et bien les identifier.

M. Léonard demande ensuite aux élèves de joindre leur groupe et de commencer le travail. On peut voir que les élèves ont déjà reçu une formation, car, en moins d'une minute, ils ont rejoint leur groupe et ont commencé à travailler. Certains élèves ne semblent pas savoir en quoi consiste la tâche, mais les autres membres du groupe le leur expliquent. Tous semblent absorbés dans leur travail. Même ceux que M. Léonard a décrits comme «faibles dans les matières scolaires» semblent intéressés et actifs. Certains élèves ont besoin d'aide pour comprendre comment trouver des couples et pour faire leur graphique; les autres membres du groupe leur donnent des explications. Les facilitateurs exercent leur leadership au début, mais, peu à peu, les autres élèves prennent la relève, dirigeant et «facilitant» eux aussi le travail.

Les élèves commencent par préciser ensemble en quoi consiste la tâche et choisissent le dessinateur; puis ils travaillent chacun à la réalisation de leur graphique individuel. Les dessinateurs incitent les autres à terminer leur tâche et leur montrent les graphiques déjà terminés pour les aider. Dans la phase finale, les membres des groupes discutent d'une explication pendant que les dessinateurs tracent leur graphique synthèse. La tâche est accomplie en vingt minutes. M. Léonard place ensuite au tableau les graphiques de tous les groupes. Ils sont tous corrects. Il écrit les équations au tableau et se met à poser des questions aux élèves. Il est intéressant de constater que plusieurs groupes sont arrivés à la bonne réponse par des voies différentes. La synthèse prend 10 minutes et il en reste cinq pour passer une feuille de révision pour le test du lendemain et un questionnaire d'évaluation sur le travail de groupe. (Kinney et Leonard, 1984, p. 9-12).

LES GROUPES EFFICACES

Comment les groupes décrits dans les deux situations de la section précédente évitent-ils les problèmes de la non-participation et les difficultés des relations interpersonnelles? Le secret de leur succès réside d'une part dans la planification et la préparation soigneuse des enseignants et d'autre part dans l'attribution à chaque membre des groupes d'un rôle spécifique. Lorsqu'on spécifie le travail de chacun et qu'on établit la liste des comportements qui s'y rattachent, on a *attribué des rôles spécifiques* aux membres du groupe. Dans de tels groupes, les membres sont fiers du rôle qu'ils ont à jouer; le travail est efficace, productif et se fait sans heurts. L'utilisation des rôles atténue les problèmes de non-participation ou de domination.

Il faut noter que, dans le cas de l'instruction complexe, des rôles comme celui de facilitateur et de rapporteur ne font pas partie des tâches décrites dans les fiches d'activité. Ces rôles concernent plutôt la *façon de faire le travail*. Par exemple, le facilitateur vérifie si la fiche d'activité a été bien comprise et le rapporteur stimule la pensée scientifique et la discussion sur la tâche. C'est ce que j'appelle les rôles du «comment». En plus de jouer un rôle précis, chacun doit participer à la discussion, à la création de la production de groupe et à la rédaction de son rapport individuel. En attribuant les rôles du «comment», l'enseignant délègue aux membres du groupe plusieurs tâches qu'il fait ordinairement lui-même: maintenir la concentration du groupe sur la tâche, veiller à la qualité des relations interpersonnelles, distribuer le matériel et nettoyer, résumer ce que l'ensemble de la classe a appris.

Lorsque chaque membre du groupe fait une partie du travail, il y a *division du travail*. Le cas de M. Léonard est un excellent exemple: chaque élève doit faire un graphique, mais les résultats de chacun sont nécessaires à la production finale. Lorsqu'une partie de la tâche porte un nom et comporte des attentes de comportements spécifiques, c'est un *rôle du «quoi»*. Ces rôles renvoient à la substance des tâches de groupe plutôt qu'à la façon de procéder. Le rôle de dessinateur est un exemple de rôle du «quoi»: pour terminer sa tâche, il doit fusionner en une production finale les graphiques de tous les élèves. Notez comment M. Léonard combine ce rôle du «quoi» avec le rôle du «comment» d'un facilitateur, qui s'assure que chacun participe, voit à ce que le travail soit fait à temps et demande l'aide de l'enseignant si nécessaire.

LES RÔLES DU «COMMENT»

Dans les exemples précédents, les rôles utilisés dans l'instruction complexe *(premier exemple)* ont aidé à assurer une discussion de haute qualité et une bonne production de groupe. Si l'on a désigné un responsable du matériel, un seul élève a besoin de se déplacer dans la classe pour aller chercher ce dont le groupe a besoin. L'élève responsable du nettoyage peut s'assurer que le groupe nettoie la table en terminant pour que l'enseignant n'ait pas à passer derrière les enfants. Le facilitateur peut aider les élèves qui ne peuvent pas lire les instructions et voir à ce que chacun joue son rôle. Enfin, en exigeant que l'ensemble du groupe discute de ce qui sera rapporté à la classe, le rapporteur s'assure qu'on ait une présentation bien pensée fondée sur un bon échange d'idées.

Les rôles de leadership

On désigne un facilitateur pour s'assurer de la présence d'un leader dans le groupe. Il y a de nombreux avantages à utiliser des leaders. Dans le marché du travail, il y a peu de groupes sans leader. Lorsqu'on désigne un leader, il y a moins de jeux d'influence parmi les membres, car l'ordre des statuts est clair: c'est le leader qui mène. Sa position apparaît comme légitime du fait qu'elle est cautionnée par l'autorité supérieure. Le fonctionnement du groupe est plus rapide et plus efficace lorsque chaque décision n'a pas à être prise par consensus.

L'enseignant a le pouvoir de désigner des leaders pour chacune des tâches collectives que les groupes doivent exécuter. Il a de plus l'autorité voulue pour dire exactement ce que le leader a le droit et le devoir de faire dans chaque groupe.

D'un point de vue éducatif, il y a des inconvénients à utiliser un leader fort. Les membres du groupe peuvent être amenés à avoir peu d'interaction et à se contenter de suivre les instructions du leader. Si la tâche de groupe comporte une discussion, un leader fort risque de la dominer. Les membres du groupe auront tendance à écouter davantage le leader, même si certains autres participants ont de meilleures idées. De plus, si le leader ne cesse d'interrompre ceux qui s'expriment pour donner la parole à d'autres, la quantité d'échanges entre les membres du groupe est considérablement diminuée. Un leader qui a le pouvoir de diriger la discussion et de prendre les décisions finales amènera souvent son groupe à abandonner et à le laisser faire toute la tâche.

Le leadership limité

Comment l'enseignant peut-il bénéficier de l'efficacité que donne la présence d'un leader sans sacrifier l'apprentissage actif qui se produit pendant les échanges créateurs? Il est possible de profiter des avantages de l'échange créateur et de l'efficacité d'un bon leadership, pour une tâche à court ou à long terme, à condition de structurer adéquatement le rôle de leader.

Un facilitateur qui agit comme leader n'est pas un contremaître avec le droit de prendre des décisions au nom de ses supérieurs. Tous les membres du groupe savent que le facilitateur n'a pas le contrôle sur les décisions ou sur le contenu des discussions. Son rôle est plutôt limité à des fonctions comme les suivantes: voir à ce que tous participent, garder la concentration du groupe sur la tâche, éviter qu'il ne se perde dans des détails non pertinents et s'assurer qu'il prenne des décisions claires dans le temps alloué par l'enseignant. Les rôles de facilitateurs peuvent être taillés sur mesure pour des tâches et des classes particulières.

L'utilisation d'un rôle de leadership ainsi limité est efficace, parce qu'un membre du groupe est chargé de veiller à son bon fonctionnement. Cela a l'avantage additionnel d'empêcher les luttes de statut et la domination par les membres du groupe qui ont un statut scolaire ou social élevé. Certes, on perd l'échange libre entre tous les membres d'un groupe bien préparé, mais, comme cela arrive souvent lorsqu'on planifie le travail de groupe, c'est ainsi qu'on arrive à un équilibre entre les avantages et les désavantages relatifs à chacune des stratégies.

La recherche sur l'instruction complexe a démontré que l'utilisation de facilitateurs stimule les échanges verbaux et la coopération entre les membres du groupe (Zack, 1988). Lorsque, par exemple, le facilitateur demande si tout le monde a compris la fiche d'activité, le groupe s'engage souvent dans une discussion féconde sur la nature de la tâche et sur les stratégies qu'il faut utiliser. On assiste également à des échanges très fructueux lorsque le facilitateur invite les autres membres à aider ceux qui ont des difficultés.

Le responsable de l'harmonie du groupe

Un responsable de l'harmonie du groupe peut faciliter la résolution des conflits interpersonnels, être attentif à ce que ressentent les membres du groupe et les encourager à faire des compromis et à éviter les obstacles au bon fonctionnement du groupe. Ce rôle peut être adapté à l'âge des élèves. Il est possible que les élèves les plus jeunes ne fassent que des commentaires favorables sur les idées des autres. La version de ce rôle que nous utilisons à la fin de l'élémentaire comporte les responsabilités suivantes: s'assurer que la ligne de communication reste ouverte, ne pas accepter le dénigrement et encourager les réponses positives.

Les rôles et l'âge des élèves

Dans les groupes plus avancés qui ont la tâche de synthétiser les productions individuelles dans un rapport oral ou écrit, attribuer un rôle de responsable de la synthèse (ou du résumé) est une excellente idée. La personne travaille au tableau ou sur de grandes feuilles et elle note les idées centrales qui sont discutées. Son rôle ne se limite pas à enregistrer ce qui se dit; elle doit laisser tomber ce qui n'est pas pertinent et souligner les divergences d'opinions à résoudre. Ce rôle a l'avantage de contribuer à dépersonnaliser les désaccords; la discussion porte sur les *idées* et non sur les personnes qui les proposent. Le groupe peut faire preuve d'une plus grande objectivité, et ceux qui ne sont pas capables de faire des commentaires négatifs sur les idées des autres en leur présence peuvent formuler des critiques objectives sur les idées et non sur les personnes.

La personne-ressource a un rôle utile chez des élèves plus âgés. Sa responsabilité est d'aider le groupe à utiliser le matériel pertinent pour la discussion. Je planifie souvent une leçon autour d'un mini-cours accompagné d'un résumé écrit des principaux concepts remis aux élèves. Dans la tâche de travail de groupe qui suit, les groupes doivent répondre à une série de questions qui exigent l'utilisation et l'application de ces concepts. La personne-ressource utilise le résumé des concepts pour trouver des réponses aux questions soulevées par le groupe pendant la discussion. Lorsque j'emploie cette stratégie, j'utilise également un facilitateur, un porte-parole et un responsable de la synthèse. Dans d'autres stratégies, la personne-ressource peut devoir chercher l'information pertinente dans des ouvrages de référence ou dans le manuel.

Le secrétaire peut fournir au groupe des notes ou tracer des diagrammes à partir de la discussion. Cela est particulièrement utile pour aider les élèves à terminer leur rapport individuel et pour aider le groupe à produire son rapport global. Le secrétaire peut également s'assurer que chacun a terminé son rapport.

On utilise souvent le rôle de rapporteur dans les groupes de coopération composés d'élèves de tous les âges, mais on réussit rarement à lui faire atteindre tout son potentiel. S'il n'a pas été bien préparé à son rôle, le rapporteur se retrouvera à la fin du travail de groupe ne sachant que dire. Le produit final sera parfois si schématique que la classe ne pourra pas se faire une idée claire de ce que ce groupe a découvert, ou bien le rapport ne reflétera pas ce qui s'est vraiment passé dans le groupe. Les enseignants se plaignent souvent que les rapports sont ennuyants et répétitifs et que la classe est agitée et n'écoute pas les présentations avec attention.

Pour faire un bon rapport, il est nécessaire que le rapporteur discute avec son groupe de ce qu'il dira. Le groupe peut décider que plusieurs membres participeront à la présentation du rapport. Le rapporteur qui ne maîtrise pas bien la langue d'enseignement peut demander l'assistance d'autres membres du groupe. Si la production du groupe consiste en une dramatisation ou une construction concrète, le rapporteur peut agir à titre de présentateur ou de narrateur et faire à la classe un bref résumé de l'activité.

Dans une étude du rôle de rapporteur, Ehrlich (1991) a fait des expérimentations où l'on interrompait le travail de groupe pour tenir une discussion officielle similaire à celle du premier exemple présenté au début du présent chapitre. Les rapporteurs recevaient une feuille de travail spéciale et se voyaient accorder du temps pour discuter avec le groupe d'une série de questions et pour préparer le rapport qu'ils présenteraient à la classe. Cette expérience visait à encourager les membres du groupe à réfléchir et à parler ensemble, puis à répondre aux questions en tant que groupe. Cette activité se tenait au début, au milieu et à la fin de la tâche. Elle visait à encourager le développement de la pensée scientifique. Par exemple, on demandait aux participants d'exprimer leurs prédictions concernant l'expérience scientifique proposée, de formuler leurs observations, de dégager des inférences à partir de ces dernières et d'indiquer dans quelle mesure leurs prédictions s'étaient révélées justes. Des classes de quatrième année qui avaient suivi cette procédure furent comparées à des classes utilisant le même programme et les mêmes techniques d'apprentissage coopératif mais n'ayant pas suivi la procédure ou utilisé la feuille de travail spéciale. Cette recherche a révélé que les élèves avaient plus d'interactions lorsqu'ils utilisaient la feuille de rapport que lorsqu'ils ne le faisaient pas. Et lorsqu'on les a soumis à un test comportant une tâche de résolution de problèmes à la fin de l'année, les groupes qui avaient expérimenté la version améliorée du rôle de rapporteur ont mieux maîtrisé les comportements liés à la pensée scientifique que le groupe témoin. Les comportements suivants ont été observés: formuler des questions théoriques, demander des justifications, prédire, faire des hypothèses, dégager des inférences, tirer des conclusions. Ehrlich pense qu'avant la quatrième année, ces questions de discussion sont trop difficiles pour les élèves.

Les élèves plus jeunes aiment jouer des rôles où les responsabilités sont bien définies. Les enfants qui préparent un jardin de cristaux de sel, au début du présent chapitre, illustrent l'ensemble des rôles utilisés par des enseignants de la deuxième à la cinquième année pour le matériel pédagogique de *Finding Out/ Descubrimiento*, programme bilingue créé par De Avila et Duncan (1980) pour développer les habiletés intellectuelles. Le système de gestion de classe que j'ai créé pour l'exploitation pédagogique de ce matériel correspondait à la version initiale utilisée dans l'instruction complexe: des groupes hétérogènes de quatre ou cinq enfants assignés chacun à un centre d'apprentissage. Toutes les classes utilisaient des facilitateurs; les enseignants choisissaient les rôles qui convenaient à leur situation dans la liste ci-dessous:

Le *facilitateur* voit à ce que chacun reçoive l'aide dont il a besoin pour exécuter la tâche; il doit répondre aux questions qui se posent dans le groupe; il fait appel à l'enseignant seulement si aucun membre du groupe n'a de solution.

Le *vérificateur* s'assure que chacun a terminé sa feuille de travail et répondu à toutes les questions.

Le *responsable du matériel* doit s'assurer que tout le matériel nécessaire se trouve aux centres d'apprentissage. (Ce matériel doit être rangé de manière à ce qu'un enfant puisse y avoir facilement accès. Des schémas aident l'enfant à savoir de quel matériel on aura besoin et où il doit être placé.)

Le *responsable du nettoyage* doit s'assurer que le matériel est remis au bon endroit et que la table est nettoyée.

Le *responsable de la sécurité* doit surveiller les autres élèves pendant les tâches où l'on utilise de la chaleur ou des instruments tranchants; il doit avertir les adultes des situations dangereuses.

Le *rapporteur* à la responsabilité d'exposer les résultats du groupe pendant la synthèse finale.

LA DIVISION DU TRAVAIL

Il y a un nombre infini de manières de diviser le travail au sein des groupes et entre les groupes; la seule limite est celle de l'imagination de l'enseignant. Les trois exemples suivants donneront une idée des possibilités dans ce domaine.

1. *La technique de la controverse constructive,* développée et testée par Johnson et Johnson (Smith, Johnson et Johnson, 1981; Johnson et Johnson, 1985), est une méthode où l'utilisation très élaborée des rôles du «quoi» et la division du travail avec changement de rôles favorisent la discussion de haut niveau et conduisent à la compréhension de nouveaux concepts. Au cours d'une étude sur la controverse constructive, des élèves ont travaillé en groupes de quatre pendant plusieurs cours. Dans un premier temps, les élèves, qui avaient reçu l'information pertinente, préparèrent deux par deux des arguments pour ou contre la réintroduction des loups dans l'État du Minnesota; le camp en faveur de la conservation de l'environnement s'opposait à celui qui privilégiait les intérêts économiques. Chacun des élèves jouait un rôle comme celui de fermier ou de propriétaire d'animaux. Dans un deuxième temps, les deux camps présentèrent leurs arguments. Les membres du camp opposé étaient très intéressés, car, dans la troisième phase, ils devaient changer de camp et présenter une argumentation en utilisant l'information qui avait été présentée à la phase précédente. Dans la phase finale, l'ensemble du groupe devait dégager un consensus sur la question et écrire un rapport de groupe. Cette méthode s'est révélée supérieure au débat conventionnel ou à la simple discussion de groupe lorsqu'on a évalué la qualité de la discussion et qu'on a fait passer des tests de compréhension.
2. *La technique des experts* présente une autre possibilité. Divisez la classe en groupes et demandez à chaque groupe de préparer des réponses à une série différente de questions d'étude. Avertissez les élèves qu'ils doivent s'assurer que chaque membre du groupe soit en mesure, dans la seconde phase, d'agir à titre d'expert dans ces questions. Pour la seconde phase, divisez les groupes de manière à ce qu'un expert dans chaque série de questions se retrouve dans chaque groupe.

Puis demandez aux groupes de repasser toutes les questions; l'expert de chaque série de questions agit comme leader de la discussion lorsqu'on arrive à ses questions. C'est une adaptation de la méthode du Jigsaw développée par Aaronson (1978). Je la recommande seulement dans des classes où les élèves maîtrisent assez bien la lecture. Sinon, un expert peut subir un échec devant son groupe parce qu'il ne maîtrise pas réellement la matière étudiée.

3. On peut subdiviser la tâche de manière à ce que chacun joue un rôle différent et complémentaire, comme dans le cas de l'équipage d'un avion ou de l'équipe médicale d'une salle d'opération. Les gens travaillent ensemble très étroitement, mais chacun a une tâche différente à effectuer; voilà des exemples de rôle du «quoi». J'ai utilisé avec succès cette méthode au Center for Interracial Cooperation, une école d'été où les élèves réalisaient des films dans des groupes pluriethniques (Cohen, Lockheed et Lohman, 1976). Les tâches avaient été divisées en plusieurs rôles: cadreur, réalisateur, scénariste, acteur, et ainsi de suite. Pendant l'été, chaque élève a joué tous les rôles. Dans un contexte pluriethnique, cette technique avait l'avantage d'enseigner aux élèves que des gens différents peuvent apporter diverses contributions très créatrices au groupe, pourvu qu'on leur en donne la chance.

La division du travail et l'utilisation des rôles du «quoi» soulèvent deux problèmes particuliers. Le premier est de trouver de l'aide pour l'élève incapable de jouer seul un rôle spécialisé. De nombreux enseignants résolvent ce problème en choisissant les élèves qui ont déjà démontré un talent spécial pour un rôle particulier, comme celui de scénariste ou d'acteur. Toutefois, cette stratégie a l'effet regrettable de catégoriser les gens et de ne pas leur permettre d'enrichir leur répertoire en essayant de nouveaux rôles. Le second problème est celui de maintenir l'interaction et de susciter l'échange d'idées. Si chacun a son travail à faire, il n'y a plus aucune motivation pour l'interaction.

La technique de la controverse constructive utilise des rôles comme ceux de fermier ou de propriétaire d'animaux, chacun des deux camps opposés dans le débat sur les loups travaille avec un partenaire pour exploiter le matériel écrit et pour bâtir une argumentation. Celui qui a de la difficulté en lecture peut ainsi recevoir de l'aide. De plus, le travail de groupe se termine par une phase d'intégration où tous collaborent à la rédaction du rapport final, ce qui résout le problème de l'interaction.

Dans le deuxième exemple, le groupe d'experts fournit une assistance à celui de ses membres qui est peu confiant dans sa capacité de jouer le rôle d'expert dans la seconde phase. Si nécessaire, le groupe lui fait répéter son rôle. Ainsi, on ne laisse aucun futur expert s'acheminer vers un échec. De plus, même si les élèves jouent un rôle spécialisé d'expert dans la seconde phase, ils travaillent ensemble dans un groupe sans leader lors de la première phase, ce qui garantit un échange d'idées.

Dans le troisième exemple, la tâche amène une grande interdépendance des rôles. Tous doivent entrer constamment en interaction dans leur travail et lorsqu'ils visionnent leur futur film. De plus, la rotation des rôles empêche que personne ne soit catégorisé comme acteur, cadreur, etc.

L'ATTRIBUTION DES RÔLES

Comment pouvez-vous vous assurer que les élèves accepteront les rôles que vous leur donnez et qu'ils seront prêts à les jouer? Il y a trois règles à suivre pour attribuer des rôles de façon efficace.

1. Indiquez devant toute la classe que vous attribuez un rôle spécifique à tel élève; tous doivent savoir clairement que vous lui avez donné l'autorité d'agir comme facilitateur ou comme rapporteur.
2. Précisez exactement ce que doit faire l'élève qui joue le rôle.
3. Assurez-vous que tous savent ce que doit faire celui qui joue le rôle.

Inscrivez les comportements requis pour chaque rôle sur une grande affiche et placez-la sur le mur. Cela clarifiera les rôles et permettra aussi à chacun de comprendre que le facilitateur ne fait qu'exécuter ce que l'enseignant lui a demandé. De cette façon, même l'élève le plus timide sera prêt à agir comme facilitateur si vous le lui demandez et les membres du groupe le traiteront avec respect.

Il est particulièrement important que l'attribution des rôles de leadership soit faite clairement et fermement. Supposons que le facilitateur interrompe un élève qui parle trop en lui disant: «Je pense que le groupe comprend ce que tu as dit; nous devons maintenant entendre d'autres idées.» L'élève interpellé a de bonnes chances de percevoir cette remarque comme une insulte personnelle, à moins qu'il sache que le travail du facilitateur est de permettre à tous d'apporter une contribution. Il faut donc attribuer les rôles d'une manière claire et précise, et s'assurer que tous les élèves sont au courant afin que chaque membre du groupe comprenne que le leader n'agit d'une certaine manière que parce que cela fait partie de son travail.

Lorsque vous sélectionnez des élèves pour des positions de leadership, ne cherchez pas à les choisir sur la base de leurs «qualités de leadership». Donnez à tous les élèves la chance de jouer le rôle de facilitateur à un moment ou à un autre. Parce qu'ils pensent que peu d'élèves ont des capacités de leadership, les enseignants ont tendance à choisir les enfants les plus doués, les plus populaires ou les plus sportifs. Les leaders naturels sont également choisis pour une raison très pratique: les enseignants craignent souvent que ces élèves ne soient une source de perturbation pendant le travail de groupe s'ils n'achètent pas leur sympathie.

Il est vrai que, dans le travail de classe ordinaire ou dans la cour de récréation, seuls quelques élèves sont capables de mener les autres. Mais le travail de groupe est différent sur plusieurs points importants. Le facilitateur n'est pas dans un groupe informel où il doit affirmer son leadership. C'est l'enseignant qui lui a *attribué* un rôle précis à jouer dans un groupe donné. Dans ces conditions, un élève qui a ordinairement un statut faible ou moyen dans la classe n'aura pas de difficulté à guider un groupe. Si le rôle est défini clairement et devant toute la classe, et si les élèves sont bien préparés aux habiletés qu'ils devront exercer (*voir la section suivante*), la plupart d'entre eux peuvent être d'excellents facilitateurs.

Plusieurs élèves sont perçus comme soumis, doux et incompétents. Ils ont grandement besoin de jouer un rôle de leadership, qui apparaît comme un rehaussement de leur statut. Il est particulièrement important que les filles aient la chance de jouer de tels rôles; très peu de filles sont considérées spontanément comme des leaders par les enseignants ou par leurs pairs (Lockheed, Harris et Nemceff, 1993). La recherche de Leal (1985) a montré que, si on leur donne la chance de jouer le rôle de facilitateur dans l'apprentissage coopératif, les filles sont autant susceptibles que les garçons d'être considérées comme des leaders. Lorsqu'il y a seulement quelques élèves appartenant à des minorités ethniques dans la classe, il est important de les désigner pour jouer un rôle de leadership, afin de combattre le sentiment d'impuissance qu'ils peuvent éprouver dans une classe où il y a peu d'élèves comme eux et dans une école où il y a peu d'enseignants de la même origine raciale ou ethnique.

Lorsqu'un élève de bas statut tente de jouer le rôle de facilitateur, vous verrez parfois des membres du groupe lui enlever littéralement son rôle et le jouer eux-mêmes. Il faut empêcher cela de se produire. Insistez pour que les élèves jouent leur propre rôle. Cela est plus facile lorsque chacun porte un insigne indiquant le travail qu'il doit faire dans le groupe; tous peuvent ainsi savoir ce que chacun est censé faire.

Si vous laissez les membres du groupe décider des rôles, ils auront tendance à donner aux élèves dont le statut est le plus élevé les rôles qu'ils perçoivent comme les plus désirables et les plus importants. Cette procédure renforcerait la hiérarchie des statuts qui existe déjà dans votre classe, ce n'est donc pas une bonne idée. Indiquez clairement à tous qu'ils pourront jouer chacun des rôles grâce à une rotation systématique des tâches. La façon la plus simple de procéder est d'utiliser un tableau (*voir la figure 5.1*) où les divers rôles sont indiqués. Les élèves peuvent constater que vous déplacez systématiquement la carte portant leur nom au début de chaque tâche de groupe, ce qui leur permet chaque fois de jouer un nouveau rôle et de faire partie d'un nouveau groupe.

L'APPRENTISSAGE DES RÔLES

L'attribution des rôles est devenue très populaire dans l'enseignement coopératif. Cependant, quand je visite des classes ou quand j'observe les groupes de mes propres classes, à l'université, je remarque souvent que les gens ne jouent pas les rôles qui leur ont été attribués. Pourquoi cela se produit-il? Lorsqu'ils circulent dans la classe, les enseignants négligent souvent de vérifier si les élèves jouent leurs rôles. De plus, les élèves ne se sentent pas à l'aise avec les comportements nouveaux et différents exigés d'eux et ils ne peuvent les adopter. L'exécution des rôles requiert plus de formation et d'apprentissage que les enseignants ne l'imaginent.

Plus les élèves sont jeunes, plus il faut consacrer de temps à développer leur compréhension des rôles et les habiletés nécessaires pour les exécuter. Les élèves plus jeunes ont eu beaucoup moins l'occasion que les élèves plus âgés et que les adultes d'expérimenter divers rôles. Jouer un rôle, c'est un peu comme faire du théâtre; il est utile d'apprendre quelques phrases au départ. Par exemple, un facilitateur peut dire: «Est-ce que tout le monde comprend la fiche d'activité?» Un responsable de l'harmonie du groupe peut demander si tous sont d'accord avec la décision du groupe. Dans une discussion initiale des rôles, la classe peut écrire quelques phrases de ce type, sous votre direction. Pour donner aux élèves l'occasion de mettre en pratique ces nouveaux comportements, vous pouvez leur demander de faire comme s'ils étaient en groupe et de répéter leurs rôles.

Il faut également discuter de ces rôles et faire du renforcement à ce sujet lors des séances de retour sur l'activité qui suivent chaque session de travail de groupe. Observez comment chacun joue son rôle et prenez des notes pendant que vous circulez dans la classe. Soulevez des questions de discussion pour toute la classe en vous basant sur vos notes; signalez des exemples de rôles bien joués et des exemples qui illustrent la nécessité de développer d'autres stratégies. Notez les nouvelles stratégies. Permettez aux élèves de les mettre en pratique. Et lorsque des élèves ne jouent pas leur rôle, ne craignez pas de le signaler et demandez au groupe de s'occuper de ce problème.

La formation des facilitateurs

Supposons que vous voulez qu'un facilitateur suscite une bonne discussion. En général, les élèves de cinquième année n'ont pas une idée claire de ce qu'est une bonne discussion et leurs stratégies visant à persuader les membres du groupe de changer de comportement manquent souvent de tact. Il est donc sage de former les futurs facilitateurs, à moins que vous ne soyez sûrs qu'ils possèdent déjà les habiletés.

Wilcox (1972) a démontré qu'il est possible de préparer des élèves de cinquième et de septième année à devenir de bons facilitateurs. Son étude montre que les groupes où les élèves ont été préparés au rôle de leader sont significativement plus actifs que ceux des groupes dont les membres n'ont pas reçu de formation. Il y avait beaucoup de variations dans les groupes dont les élèves n'avaient pas reçu de formation; certains fonctionnaient aussi bien que les groupes formés, tandis que les autres laissaient beaucoup à désirer.

Wilcox a choisi comme leaders des élèves qui n'étaient ni les plus influents socialement ni les moins influents de la classe. Elle confia à ceux qui avaient été choisis la tâche d'aider le groupe à respectez les trois règles d'une bonne discussion de groupe: permettez à chacun d'avoir son tour; expliquez vos idées; donnez différentes idées. Voici ce qu'elle a dit aux leaders lors de la session initiale de formation:

> «Il y a différentes façons d'être un leader. Chaque personne a une idée différente de ce que signifie être un bon leader. Certains pensent qu'être un bon leader, c'est passer son temps à dire aux autres ce qu'il faut faire. D'autres pensent que c'est laisser chacun faire ce qui lui plaît et ne pas gâcher son plaisir. D'autres pensent, comme moi, qu'un bon leader se situe quelque part entre les deux. Je pense qu'être un bon leader, c'est avoir des bons rapports avec les membres du groupe, laisser chacun dire ce qu'il a à dire, être exactement comme un autre membre aussi longtemps que tout va bien.
>
> «Mais si quelque chose ne va pas, un bon leader doit aider son groupe. Qu'est-ce qui peut faire que les choses ne fonctionnent pas? (Les enfants peuvent suggérer des réponses; sinon, l'enseignant signale trois problèmes: le groupe silencieux, le membre qui ne participe pas et celui qui monopolise la parole.) Si quelqu'un ne donne à personne d'autre la chance de parler, ou si un élève ne parle pas, un bon leader peut aider le groupe en posant des questions ou en rappelant au grand parleur qu'il faut donner une chance à tout le monde. Mais rappelez-vous que le bon leader n'intervient que lorsque c'est nécessaire. La plupart du temps, le bon leader écoute et parle quand c'est son tour, comme tous les autres membres du groupe.» (Wilcox, p. 145)

Wilcox a préparé les leaders à faire respecter ces règles dans les groupes. Les élèves ont ensuite simulé une discussion comme celle à laquelle ils allaient devoir participer. Elle a dit aux leaders d'interrompre la discussion après cinq minutes et de demander aux participants d'évaluer leur performance de meneur à partir des règles figurant sur le tableau des suggestions.

Notez comment Wilcox a souligné les limites du rôle de leader pour éviter qu'ils ne dominent, dans les décisions finales du groupe en particulier. Pour s'assurer que les élèves reconnaîtraient les comportements indésirables des leaders, elle a réalisé un film pour la formation, mais il y a des façons plus simples d'atteindre cet objectif. On peut simuler le comportement du leader qui domine la discussion du groupe ou demander à un élève de jouer ce rôle, ou on peut enregistrer une simulation de groupe avec un facilitateur extrêmement dominant.

Ce n'est pas la seule façon d'entraîner les facilitateurs, mais elle illustre l'importance de définir clairement les rôles et de préparer soigneusement les élèves aux habiletés nouvelles qu'ils exigent. Quel que soit l'âge des élèves, l'enseignant doit toujours chercher à atteindre cette clarté et il doit s'arrêter pour se demander si les facilitateurs qu'il a désignés possèdent ou non les habiletés nécessaires à leur rôle.

LES PROJETS À LONG TERME

Pour certaines phases des projets à long terme, il est possible d'utiliser des groupes sans leader. N'oubliez pas que les groupes de consensus sans leadership officiel et sans division du travail posent souvent des problèmes de relations interpersonnelles et exigent un haut niveau d'habiletés sociales. On peut s'attendre à voir surgir des problèmes de statut lorsqu'une personne domine le groupe ou quand il y a des luttes de statut et que plusieurs personnes cherchent à établir leur domination. L'utilisation des groupes sans leader n'est donc recommandée que pour de courtes périodes.

Pour un projet à long terme, il est bon de sélectionner les étapes de la tâche où l'échange et la résolution de problèmes occupent une place centrale. On peut adopter une structure de groupes sans leader pour ces étapes particulières, alors que pour le reste du projet on combinera la division du travail et l'attribution de rôles spécifiques pour les différents membres du groupe, y compris des rôles de leadership. N'oubliez pas que les échanges créatifs ne pourront avoir lieu sans une forme ou une autre de socialisation ou de formation spéciale aux normes de comportement exigées pour la discussion de groupe.

La session de planification initiale et l'intégration du produit final sont deux étapes d'un projet à long terme où l'échange créatif peut apporter des bénéfices. De toute évidence, le résultat du projet dépend en grande partie de la profondeur de l'analyse du problème et de la qualité des décisions. Si les élèves discutent un projet de sciences humaines sur le logement chez les Pueblos, la qualité de leur rapport final ou de leur présentation dépendra de celle de leurs décisions concernant le matériel à recueillir et des activités réaliser par les membres du groupe. Si l'on demande à un groupe d'élèves plus avancés de faire une recherche à la bibliothèque sur un aspect de la récession et d'écrire un rapport de groupe, la qualité du travail dépendra de l'analyse intellectuelle initiale.

Chacun doit se sentir pleinement engagé dès la phase de planification initiale d'un projet, non seulement pour des raisons d'ordre intellectuel (cela favorise la discussion approfondie et ouverte), mais aussi pour des raisons d'ordre psychologique. Si les membres du groupe ne sentent pas qu'ils ont eu un mot à dire dans les décisions prises, on peut s'attendre à les voir perdre toute motivation lorsque des difficultés surgiront dans la réalisation de la tâche. Par contre, s'ils ont tous eu le sentiment d'avoir une chance équitable de contribuer à la planification initiale et s'ils ont accepté la décision du groupe après en avoir discuté à fond et après avoir fait des compromis raisonnables, il y aura moins de membres qui laisseront tomber le groupe après avoir échoué dans la tâche qui leur a été confiée. Si nécessaire, les autres membres du groupe pourront répliquer: «Tu as participé à la décision et tu croyais que c'était une bonne façon de faire le travail. Il faut maintenant que tu fasses ta part!»

Lorsque les pièces de la production finale ont été rassemblées, le groupe est prêt à commencer une autre phase qui exige un échange ouvert. On peut utiliser un groupe sans leader cette fois encore. Si le groupe est passé par une période où chacun a travaillé de son côté à chercher et à créer du matériel pour la production finale, le groupe a besoin de savoir ce que chacun des membres a découvert. Même si une partie du travail peut consister à lire et à examiner la production de chacun, on peut obtenir de grands bénéfices intellectuels en évaluant, en analysant et en synthétisant ce que chacun a découvert. Cette discussion peut permettre au groupe d'aborder le problème sous des angles neufs et différents. L'intégration est une tâche exigeante, tant sur le plan intellectuel qu'en ce qui a trait aux relations interpersonnelles. Il n'est jamais facile d'accepter la critique et l'évaluation des autres, mais c'est une étape essentielle pour avoir une bonne production finale.

Pendant la phase intermédiaire, où le travail est divisé, les élèves peuvent travailler d'une manière assez indépendante. Il est souhaitable d'avoir un leader qui agit comme centre de communication pour le groupe et qui s'assure que le travail progresse.

La recherche de groupe

La recherche de groupe, une technique développée par Sharan et Hertz-Lazarowitz (1980), est la méthode la plus sophistiquée pour les projets à long terme; elle utilise des groupes de planification, la division du travail et des rôles du «comment» pour la gestion des groupes. Des évaluations répétées dans des classes hétérogènes ont montré que cette technique est particulièrement efficace pour l'enseignement de concepts qui exigent des habiletés cognitives de haut niveau et pour produire un comportement plus coopératif et plus altruiste. (Sharan *et al.*, 1980; Sharan et Shachar, 1988). Yael et Shlomo Sharan (1992) ont préparé récemment un livre sur cette méthode à l'intention des enseignants.

Dans la recherche de groupe, les élèves agissent comme des chercheurs et font leurs propres découvertes. Pour atteindre ce but, ils doivent travailler ensemble étroitement. Le bon fonctionnement du groupe est assuré de plusieurs manières: en motivant le groupe, en utilisant la division du travail et en développant des habiletés pour le travail de groupe. Si votre objectif est d'amener vos élèves à acquérir leurs propres connaissances et si vous avez eu du succès avec des tâches à court terme qui faisaient appel à des habiletés pour le travail de groupe et comportaient l'utilisation de rôles du «comment» et la division du travail, vous pouvez avoir envie de mettre sur pied un projet à long terme. N'oubliez pas que la recherche de groupe exige toutes ces stratégies ainsi qu'une supervision habile et un appui de la part de l'enseignant.

7 Changer le rôle de l'enseignant

Question: «Quel est le point le plus important concernant l'enseignement que vous auriez souhaité connaître pendant vos deux premières années de travail?»

Réponse: «J'aurais aimé laisser les enfants en faire plus et en faire moins moi-même. C'est une leçon apprise difficilement au cours des années. J'utilise beaucoup d'apprentissage coopératif, d'activités manuelles ou pratiques et de recherche en classe, et il a été ardu pour moi d'apprendre à me retirer et à laisser les choses arriver.» (Paul Martini, enseignant en science à la Woodside High School, en Californie.)

Le travail de groupe change radicalement le rôle de l'enseignant. Vous n'avez plus à assumer seul la supervision directe des élèves et la responsabilité de veiller à ce qu'ils fassent leur travail exactement comme vous leur indiquez. Ce n'est plus votre responsabilité de voir chaque erreur et de la corriger sur-le-champ. Votre autorité est maintenant déléguée aux élèves et aux groupes d'élèves. Ce sont eux qui doivent s'assurer que la tâche est accomplie et qui se fournissent mutuellement l'aide dont ils ont besoin. Ils ont le droit de faire des erreurs et il leur appartient de trouver ce qui ne fonctionne pas et ce qu'ils peuvent faire à ce sujet.

Cela ne signifie pas que vous devez abandonner votre position d'autorité dans la classe. Au contraire, vous êtes l'autorité qui donne les directives pour la tâche; c'est vous qui établissez les règles, qui préparez les élèves à utiliser les normes de la coopération, qui indiquez aux élèves de quel groupe ils font partie, qui déléguez l'autorité aux élèves qui doivent jouer des rôles spécifiques et, plus important encore, c'est vous qui imposez aux groupes la responsabilité de leur travail. Ce chapitre décrit ce que signifie pour l'enseignant le fait de laisser les groupes fonctionner de façon autonome.

Il est plus facile de bien organiser le travail de groupe avec l'aide d'un collègue ou d'un autre adulte. La conception et l'évacuation des tâches pour le travail de groupe représentent un cas classique de résolution de problème faisant appel à la créativité, où «deux avis valent mieux qu'un». Comme les enseignants ont la responsabilité de leurs propres classes et qu'ils ne sont pas libres d'aller dans une autre classe, vous pouvez penser qu'il s'agit là d'une recommandation irréaliste. On cherchera à trouver une solution à ce problème dans la dernière section de ce chapitre.

LA DÉLÉGATION DE L'AUTORITÉ

Lorsque vous vous tenez devant la classe et que vous enseignez à l'ensemble des élèves, lorsque vous donnez des travaux individuels en classe et que vous circulez dans les rangées en surveillant la performance, lorsque vous divisez la classe en groupes de lecture et quand vous vous asseyez avec un groupe pendant que les membres lisent tout haut ou répondent à vos questions, vous utilisez la supervision directe.

Par contre, lorsque le travail de groupe est en marche et que les membres des groupes travaillent et causent ensemble en suivant les instructions que vous avez préparées, vous déléguez l'autorité. L'enseignant ne peut-être partout en même temps, cherchant à aider six groupes différents. De plus, un élément essentiel de cette méthode de gestion de la classe est d'amener les élèves à se parler. Lorsqu'ils ont été préparés à s'entraider, par exemple en lisant les instructions à un membre qui ne maîtrise pas sa langue d'enseignement ou en les traduisant dans sa langue maternelle, les élèves ont recours à leurs pairs comme personnes-ressources pour comprendre ce qu'ils ont à faire.

Lorsque les élèves travaillent à des tâches conceptuelles comme la découverte et la résolution de problèmes faisant appel à la créativité, ils doivent discuter et travailler ensemble pour réussir (Cohen, Lotan et Leechor, 1989). Les élèves doivent être encouragés à travailler avec les autres pour traiter toutes les questions et tous les problèmes que comportent ces tâches. Les recherches ont montré que tous les élèves, mais particulièrement les individus faibles en lecture, bénéficient de l'interaction avec les autres élèves lorsqu'ils travaillent à des tâches stimulantes (Leechor, 1988). Si vous ne réussissez pas à déléguer l'autorité aux groupes, vos élèves seront privés des bénéfices de la coopération et vous vous rendrez compte que le travail de groupe est impossible à gérer.

Le système de gestion efficace

Les enseignants sont toujours surpris de découvrir que les élèves sont parfaitement capables de fonctionner seuls si le travail de groupe a été bien conçu. La gestion de l'instruction complexe sera réussie si les élèves comprennent clairement comment ils doivent se comporter, ce qu'ils doivent faire et comment obtenir de l'aide si des problèmes surgissent. Cela est également vrai pour la classe traditionnelle; la seule différence est que, dans le travail de groupe, les élèves sont davantage responsables de leur propre comportement et de celui des autres membres de leur groupe. Ils ne devraient pas s'adresser constamment à l'enseignant pour obtenir direction, évaluation et assistance. Ils devraient plutôt faire appel à leurs pairs.

Pour être bien compris, il faut avoir un système aussi simple que possible. Le travail de groupe sera également facilité si l'on prépare les élèves à l'avance aux rôles et à la coopération et si l'on planifie soigneusement le travail selon les indications fournies dans les chapitres précédents. Toutes les techniques de gestion vues précédemment permettent de contrôler le comportement des élèves d'une manière constructive et productive sans devoir leur dire directement quoi faire. Il n'est pas nécessaire de contrôler le comportement individuel des élèves par des systèmes de points ou de récompenses. Le travail de l'enseignant est de faire fonctionner le groupe et de fournir les instructions pour régler les problèmes de discipline qui peuvent surgir. On peut résumer ainsi les caractéristiques d'un système de gestion efficace:

1. Les normes de la coopération doivent être enseignées comme le recommande le chapitre 4, afin que les élèves sachent comment se comporter et qu'ils agissent de manière à amener les autres à adopter ces comportements.
2. Les élèves doivent savoir de quel groupe ils font partie et où ce groupe est censé se rencontrer. Il faut perdre le moins de temps possible à communiquer cette information de base.
3. Il faut informer toute la classe de la répartition des rôles et des comportements spécifiques qui sont attendus, comme il a été indiqué au chapitre 6.
4. Chaque groupe doit avoir des instructions claires sur la tâche à effectuer. Ainsi, les élèves n'auront pas à vous interroger.
5. Vous devez avoir donné aux élèves une brève orientation sur les objectifs de cette tâche et sur les critères d'évaluation.

Dans plusieurs situations de groupe, ces cinq principes suffiront pour que tout fonctionne rondement. Vous pouvez également rédiger une série de règles fondamentales à l'intention des élèves et les afficher. Dans le manuel pour la mise en œuvre de l'instruction complexe au premier cycle du secondaire (Cohen et Chatfield, 1991), nous recommandons les règles suivantes:

- Vous *devez terminer* chaque activité de groupe et chaque rapport individuel.
- Jouez votre rôle dans le groupe.
- Vous avez le droit de demander de l'aide à n'importe quel membre de votre groupe.
- Vous avez le devoir d'aider quiconque vous demande de l'aide.
- Aidez les autres membres sans faire le travail à leur place.
- *Tout le monde participe.*

Lorsque vous demandez aux élèves un travail en collaboration, un travail écrit ou un devoir, précisez ce que vous voulez qu'ils fassent. Lorsque la tâche est conceptuelle et comporte un élément de découverte, je recommande l'utilisation de la fiche d'activité. Plusieurs programmes d'apprentissage coopératif en sciences ne permettent pas de déléguer suffisamment l'autorité parce qu'ils n'ont pas de fiches d'activité. Les élèves dépendent des directives de l'enseignant qui doit souvent interrompre le groupe pour l'orienter ou pour l'assister dans le processus de découverte. L'enseignant désire que les élèves saisissent l'idée centrale de l'activité et il cherche à les empêcher de faire des erreurs. L'inconvénient de cette procédure est qu'elle réduit considérablement la quantité d'échanges et de coopération entre les élèves. Le groupe n'a pas la chance d'agir selon ses propres intuitions et les individus qui sont perdus ne sont pas capables d'avoir recours aux autres membres du groupe comme personnes-ressources.

La surveillance excessive

Une fois la séance d'orientation terminée, vous déléguez aux groupes l'autorité requise pour effectuer leurs tâches. Il est très important de les laisser prendre *eux-mêmes* leurs décisions. Il faut aussi qu'ils puissent faire leurs propres erreurs. Ils doivent être responsables de leur travail. Vous devez les laisser travailler sans superviser chaque étape. Ils doivent apprendre à régler eux-mêmes certains problèmes.

Lorsqu'ils ne donnent pas de cours, les enseignants des classes traditionnelles passent la plus grande partie de leur temps à guider les élèves dans leurs diverses tâches. Ils rappellent à l'ordre les élèves qui se sont désintéressés de leur travail. Ils répondent aux nombreuses questions des élèves.

Une supervision directe de ce type sapera les fondements même du système de gestion que vous avez travaillé si fort à mettre au point. Si vous acceptez de résoudre vous-mêmes tous les problèmes, les élèves ne se fieront pas à eux-mêmes ou à leur groupe. À cause de leur expérience de la supervision directe, chaque fois qu'ils vous verront vous approcher, ils cesseront de parler entre eux et vous regarderont pour recevoir des directives. Si l'enseignant tente de faire de la supervision directe pendant que les élèves travaillent en groupe, les échanges et le travail coopératif, et par le fait même la qualité de l'apprentissage, en souffriront. Ce lien entre la gestion de la classe et la qualité de l'apprentissage s'appuie sur deux années de recherches sur l'instruction complexe (Cohen, Lotan et Leechor, 1989).

Évitez de courir à la rescousse d'un groupe au premier signe de difficulté. Incitez le groupe à utiliser ses propres ressources en refusant de répondre aux questions avant que l'ensemble du groupe n'ait été consulté. Beaucoup d'enseignants fixent comme règle que seul le facilitateur peut leur poser une question, après s'être assurés qu'aucun membre du groupe n'a la réponse. Lorsque vous circulez parmi les groupes, faites un effort pour ne pas avoir l'air disponible.

Le rôle de l'enseignant pendant le travail de groupe

Les élèves font maintenant beaucoup de choses que vous aviez l'habitude de faire, comme répondre aux questions, veiller à ce que chacun soit concentré sur la tâche, s'entraider pour démarrer. Lorsque les enseignants découvrent qu'on ne semble plus avoir besoin d'eux, ils disent souvent: «J'ai l'impression de n'avoir plus rien à faire; tout fonctionne sans moi. Quel est mon rôle?»

Même si les groupes sont capables de travailler seuls, vous n'avez pas à avoir une attitude de laissez-faire. Vous êtes maintenant prêt à jouer un rôle plus exigeant et d'un niveau supérieur.

Vous avez la chance de bien observer les élèves et d'écouter discrètement les discussions en vous tenant à distance. Vous pouvez poser des questions clés pour stimuler un groupe qui progresse peu, fournir une rétroaction aux individus et aux groupes, stimuler leur réflexion, chercher à repérer des comportements indicateurs d'un bas statut et intervenir pour traiter les problèmes de statut, ou renforcer les règles et les normes que vous avez mis en place dans les groupes où votre système ne fonctionne pas d'une manière satisfaisante.

Il existe une différence entre la surveillance excessive et l'intervention judicieuse, bien que même cette dernière entraîne inévitablement une réduction de l'interaction dans le groupe. Demandez-vous si votre intervention est vraiment nécessaire. Cependant, même s'il faut permettre aux groupes de faire des erreurs, il y a des circonstances où il n'y a rien à gagner à les laisser s'enliser:

- Lorsque le groupe s'est trop éloigné de la tâche;
- Lorsque le groupe ne semble pas comprendre suffisamment la tâche pour être capable de démarrer ou de l'exécuter.
- Lorsque de graves conflits interpersonnels surgissent dans le groupe.
- Lorsque le groupe est incapable de s'organiser pour exécuter la tâche.

Ne vous précipitez pas pour intervenir au premier signe de difficulté. Tenez vous suffisamment près pour entendre ce qui se dit, mais suffisamment loin pour que votre présence ne soit pas importune. Écoutez attentivement et faites une hypothèse sur le type de problème qui se pose. Les élèves de bas statut sont-ils écartés du groupe? S'agit-il d'un problème de fonctionnement de groupe ou d'une incapacité de comprendre les directives? Le problème vient-il du fait que les élèves ne savent pas comment procéder ou du fait qu'il leur manque des connaissances préalables, des habiletés scolaires ou une connaissance de la matière? Après avoir écouté et observé, vous déciderez peut-être que le groupe est capable de régler ses problèmes et qu'il n'a pas besoin de vous.

Si vous décidez d'intervenir, ce que vous ferez dépendra de votre hypothèse sur la nature du problème.

- Un groupe a de la difficulté à s'organiser. Vous rappelez à ses membres les règles du travail de groupe et les rôles qu'ils ont à jouer. Vous leur demandez si chacun joue bien son rôle. Vous suggérez au facilitateur d'animer une discussion sur le but du travail, de faire la liste des tâches, d'établir des priorités et d'attribuer une tâche à chacun. Vous pouvez dire au groupe que vous reviendrez plus tard pour connaître le résultat de leur discussion.
- Un groupe à un problème et ne progresse plus. Le niveau de frustration monte. Vous posez quelques questions ouvertes dans le but de réorienter la discussion et vous partez.
- Les membres d'un groupe ne partagent pas le matériel équitablement. Vous pouvez leur demander de s'arrêter un moment et de s'interroger sur la façon dont ils respectent les normes de la coopération qui, idéalement, sont affichées quelque part dans la classe. Vous leur dites que vous reviendrez après la discussion, pour leur demander leurs conclusions et ce qu'ils pensent faire pour régler le problème. (Ne restez pas là pour superviser la discussion.)
- Les membres d'un groupe ont de la difficulté à analyser un texte. Ils ont besoin d'aide. Vous leur indiquez les points essentiels du texte. Vous vérifiez s'ils ont bien compris la tâche. Vous pouvez même combler certaines lacunes dans leurs connaissances, sans faire la tâche pour eux ou sans leur dire comment la faire. Amenez-les seulement au point où ils seront capables de faire face aux exigences de la tâche.
- Un groupe de deuxième année s'est plongé dans la tâche sans lire les instructions. Vous dites aux membres du groupe que vous ne voulez pas qu'ils touchent au matériel avant de pouvoir vous dire exactement ce qu'ils sont censés faire. Vous leur dites que vous allez revenir et demander à l'un d'entre eux de vous expliquer la tâche. Ils ne pourront toucher au matériel que si leur explication est juste. Sinon, ils devront relire les instructions et continuer à discuter.

La supervision directe n'est utilisée dans aucun de ces exemples. Vous vous servez plutôt d'un système de rôles et de normes pour faire fonctionner les groupes. Vous incitez le groupe à revenir à ses propres ressources, à prendre la responsabilité de son fonctionnement et de l'apprentissage de ses membres.

Vous pouvez vouloir intervenir non seulement dans le cas où des groupes éprouvent beaucoup de difficultés, mais également en vue de permettre aux élèves d'approfondir leur réflexion sur le sujet à l'étude. Poser des questions est une excellente façon de le faire, pourvu que vous ne restiez pas là pour répondre ou pour demander aux membres du groupe de deviner ce que vous pensez sur le sujet. L'enseignant n'a pas besoin de donner la réponse pour aider les élèves à analyser un phénomène ou un problème en en distinguant les différentes parties et en établissant des relations entre ces parties. Par exemple, les membres d'un groupe d'élèves en sciences sont en train de construire une lampe de poche et certains éprouvent des problèmes. L'enseignant réagit en disant: «Vous n'avez pas tous réussi à faire fonctionner votre lampe. Avez-vous vérifié chaque partie? Vous pourriez peut-être trouver comment la faire fonctionner en regardant avec d'autres les parties qui marchent.» Les questions qui commencent par «pourquoi» sont excellentes pour stimuler la pensée analytique. Vous pourriez demander à un groupe d'élèves qui travaille sur les Croisades: «Pourquoi les Croisés ont-ils cherché à déshumaniser l'ennemi?»

Le cas du groupe qui finit très rapidement son travail alors que les autres ont besoin de plus de temps est une autre situation à laquelle vous devrez porter attention. Vous pouvez amener les membres de ce groupe à réouvrir la tâche en posant des questions qui les obligeront à poursuivre l'analyse du problème ou à faire de nouvelles applications. Par exemple, vous pourriez demander: «Quelles autres manières y a-t-il de...? Comment pourrions-nous utiliser ce que nous avons appris dans...? Pensez-vous que cela est vrai de tous les...? Que se passerait-il si vous faisiez les choses d'une autre manière?» Vous pouvez également suggérer au groupe de consulter les ouvrages de référence que vous avez apportés pour leur permettre de pousser l'activité plus loin et d'approfondir leur réflexion.

La gestion des conflits

Le désaccord sur les idées est un signe de santé pendant le travail de groupe, aussi longtemps que les divergences de vues ne dégénèrent pas en conflits interpersonnels aigus. De tels conflits sont inévitables et il ne faut pas les considérer comme un signe d'échec. Il ne faut pas non plus que vous profitiez de l'occasion pour intervenir, reprendre immédiatement le contrôle et agir comme arbitre, juré et juge.

Demandez plutôt aux membres du groupe d'où vient le problème. Puis dites-leur de proposer des stratégies pour régler le conflit. Si vous avez préparé les élèves à la résolution des conflits (*voir le chapitre 4*), ils seront capables d'envisager d'autres façons de se comporter. Si vous avez réellement délégué l'autorité, le groupe devrait assumer la responsabilité de régler ses problèmes de relations interpersonnelles. Même les enfants plus jeunes sont capables de développer des stratégies efficaces pour gérer le conflit si on les incite à le faire et si l'on persiste à leur demander de réfléchir jusqu'à ce qu'ils aient trouvé une solution.

Si le problème est dû à une mauvaise combinaison d'élèves, prenez-en note et ne replacez plus ensemble les élèves qui s'affrontent. En changeant régulièrement la composition des groupes et en faisant la rotation des rôles, on réduira les problèmes de relations interpersonnelles et on évitera que les conflits ne deviennent chroniques. Cependant, si vous retrouvez le même problème dans plusieurs groupes, la difficulté peut avoir son origine dans la façon dont vous avez préparé les élèves ou dans la nature de la tâche. Prenez le temps d'avoir une discussion avec l'ensemble de la classe pendant la période de retour sur l'activité, et voyez si vous êtes capable de repérer le problème. Soyez prêt à faire des ajustements dans votre tâche, à renforcer les règles et les rôles, à former à nouveau les élèves ou à développer des stratégies avec l'ensemble de la classe pour résoudre le problème.

La responsabilisation des élèves

Les enseignants désirent souvent donner des notes pour le travail de groupe et utiliser des systèmes de points pour évaluer les comportements, car ils savent qu'il est important de rendre les individus et les groupes responsbles. Toutefois, ces stratégies ne sont pas nécessaires dans le système de gestion qui vient d'être décrit, car ce dernier comporte déjà de multiples éléments que vous pouvez utiliser pour responsabiliser les élèves. Par exemple, lorsque vous intervenez pendant qu'un groupe travaille et que vous lui demandez de reprendre en main son fonctionnement, vous l'obligez à prendre ses responsabilités.

Vous responsabilisez également les groupes lorsque vous leur demandez de fournir une présentation de leur travail pendant la phase du retour sur l'activité. Lorsque les membres d'un groupe n'ont pas bien collaboré et n'ont pas abordé les questions soulevées par la fiche d'activité, ils doivent être conscients que vous êtes au courant de ce qui s'est passé et que vous vous attendez à ce qu'ils fassent mieux à l'avenir. Vous pouvez donner ce genre de rétroaction aux membres du groupe pendant qu'ils sont encore en train de travailler au centre d'apprentissage, et réserver les commentaires généraux sur leur expérience, qui s'adressent au reste de la classe, pour la session de retour sur le travail de groupe. Par exemple, vous pouvez insister pour que le prochain groupe qui accomplira cette tâche s'assure de répondre aux questions de discussion omises. Cependant, si vous appelez des applaudissements pour toutes les performances de groupe, même si elles sont très faibles, les élèves croiront qu'ils n'ont pas à prendre leurs responsabilités.

En fournissant aux groupes une rétroaction sur leur fonctionnement, vous pouvez leur montrer que vous tenez à ce qu'ils assument la responsabilité de ce qui se passe pendant qu'ils sont au travail. Vous pouvez en même temps confirmer leurs réussites, recommander aux autres groupes les stratégies efficaces qu'ils ont utilisées ou signaler les difficultés qui exigeront une certaine attention. La rétroaction sur le fonctionnement peut se faire pendant que le groupe est au travail ou pendant le retour sur le travail de groupe. Tout en aidant les groupes à apprendre des stratégies plus efficaces, votre rétroaction a pour fonction de faire savoir aux élèves que vous observez leur comportement très attentivement et que vous les tenez responsables de ce qui se passe dans leurs groupes.

La responsabilité individuelle est assurée par la correction des rapports ou des productions de chacun. Les élèves qui se rendent compte que vous ne savez pas s'ils ont ou non collaboré à un rapport de groupe, ou qui ont l'impression que vous ne lisez jamais ces documents, peuvent s'arranger pour ne plus participer.

L'orientation et le retour sur le travail de groupe

Pendant la séance d'orientation, vous êtes clairement responsable des élèves. Leur travail est d'écouter et de poser des questions s'ils ne comprennent pas. Cela ne veut pas dire qu'il faille donner un long cours. Je me tiens souvent à l'arrière de la classe pendant que les enseignants donnent les directives et je note généralement que les élèves ont de la difficulté à être attentifs à ce que dit l'enseignant. Même au secondaire, ils semblent décrocher après cinq minutes. Les enseignants qui utilisent un support audiovisuel et qui engagent les élèves dans une discussion concernant l'expérience qu'ils vont vivre réussissent beaucoup mieux à garder l'attention de la classe que ceux qui font un exposé magistral.

Pendant le retour sur le travail de groupe, l'enseignant écoute attentivement les rapports des groupes, fournit une rétroaction et anime la discussion. On peut stimuler la réflexion des élèves en posant à ce moment des questions qui font appel à des habiletés intellectuelles de haut niveau. Après les présentations des étudiants, l'enseignant ferait bien de commenter les apprentissages résultant de l'exercice. Il est nécessaire de faire des liens entre les activités et les concepts centraux qu'elles sont censées illustrer. Sinon, les élèves se perdent dans des détails concrets qui attirent leur attention et oublient l'objectif de la leçon.

La séance de retour sur le travail de groupe est également le moment de faire des observations sur le déroulement du travail. Si vous interrompez constamment les élèves pour leur fournir une rétroaction pendant qu'ils sont en groupe, vous risquez de les surveiller de trop près et de réduire l'interaction. Beaucoup d'enseignants trouvent qu'il est préférable de circuler parmi les groupes, d'écouter et de prendre des notes. C'est seulement pendant le retour sur le travail de groupe, ou lorsqu'ils donnent les directives le lendemain, qu'ils transmettront la rétroaction aux groupes et aux individus. Dans ce contexte, la rétroaction a la double fonction de tenir les groupes responsables des résultats de leur travail et d'aider les élèves à comprendre les tâches intellectuelles en cause. C'est une occasion en or pour souligner devant la classe la contribution des élèves qui ont bien travaillé dans le groupe, en particulier ceux qui ne sont pas forts dans les tâches scolaires conventionnelles.

L'ENSEIGNEMENT EN ÉQUIPE

Planifier et concevoir des tâches de groupe avec un collègue de confiance est une des expériences les plus enrichissantes qu'un enseignant puisse faire. Tout comme les élèves, les enseignants peuvent avoir recours à leurs collègues comme personnes-ressources. Les enseignants peuvent être très créateurs lorsqu'ils mettent en commun leurs riches expériences sur les tâches qui fonctionnent bien avec les élèves et sur la façon de rendre des directives claires. Ils peuvent également commenter d'une façon honnête et constructive leurs idées au fur et à mesure qu'elles prennent forme.

Les enseignants peuvent s'assister mutuellement lorsque leur classe travaille en coopération. Un enseignant peut assister un groupe pendant que l'autre garde un œil sur l'ensemble de la classe. Ou encore, un enseignant peut préparer la séance d'orientation pendant que l'autre s'occupe du retour sur le travail de groupe. Ils peuvent également préparer ensemble le matériel complexe des centres d'apprentissage.

Pouvoir bénéficier des rencontres officielles et planifiées de deux ou trois enseignants est un autre avantage de l'enseignement en équipe. Même si ces rencontres ne durent pas plus de 20 minutes, on a la chance d'y examiner les divers problèmes qui ont pu se poser, de proposer des solutions, d'en choisir une et de vérifier, lors d'une rencontre ultérieure, si l'on a pris la bonne décision. Ce type d'évaluation et de prise de décisions est difficile à faire seul. Nos recherches ont montré plusieurs fois que les enseignants qui tiennent régulièrement des réunions d'équipe réussissent mieux à mettre en œuvre les stratégies de l'instruction complexe que ceux qui se contentent de brèves rencontres juste avant ou pendant la classe (Intili, 1977; Cohen et Intili, 1982).

Le fait d'avoir quelqu'un pour observer et évaluer systématiquement votre travail de groupe pendant qu'il progresse est aussi un avantage important de l'enseignement en équipe. Il est presque impossible de diriger le travail de groupe et de l'évaluer en même temps. Le chapitre 9 présente plusieurs techniques simples qu'un de vos collègues peut utiliser pour vous aider à évaluer le travail de vos groupes. Même les nouveaux enseignants peuvent fournir une rétroaction utile grâce à ces techniques. Et, en retour, vous pouvez aller faire de l'observation dans la classe d'un collègue.

L'organisation de l'enseignement en équipe

Il y a deux façons d'enseigner en équipe; l'une exige plus de changement organisationnel que l'autre. La première est l'enseignement couplé, où votre collaborateur enseigne avec vous dans votre classe. J'utilise souvent le mot «collègue» pour parler de ce collaborateur, mais cette personne n'est pas nécessairement un autre enseignant. J'ai eu l'occasion de travailler avec d'excellentes équipes constituées d'une personne-ressource travaillant une période par jour avec l'enseignant, ou d'un enseignant et d'un assistant, ou d'un enseignant et d'un parent volontaire bien formé. Si votre classe est difficile à contrôler et n'est pas habituée au travail de groupe, vous aurez besoin de l'aide d'une autre personne, surtout au début. Si vos tâches sont complexes et si les élèves doivent faire diverses expériences scientifiques à des centres d'apprentissage différents, ou travailler avec de l'équipement sophistiqué comme des caméras vidéo, ou si vous avez des groupes de jeunes élèves qui font des tâches très différentes, une autre personne devient une nécessité. Cela n'est pas vrai seulement pour l'enseignant; toute organisation complexe est plus efficace quand le personnel collabore étroitement (Perrow, 1961).

Si vous avez un ami avec qui vous aimeriez essayer certaines activités de groupe, communiquez avec le directeur pour trouver des façons de travailler ensemble. Si un grand local est disponible, il est possible de combiner deux classes pendant le travail de groupe. Si les classes sont de niveaux différents ou si vous combinez votre classe avec une classe spéciale, vous serez surpris de voir comment des élèves d'âges différents et de force inégale peuvent travailler ensemble. Si vous combinez des groupes d'âge différents, il est particulièrement important de choisir des tâches que les élèves plus âgés peuvent élargir et développer, mais que les élèves plus jeunes sont capables de gérer sans assistance. Il faudra également inclure une préparation spéciale pour montrer aux élèves comment aider les autres sans faire le travail à leur place.

Si vous décidez de travailler avec un assistant ou un volontaire, prenez le temps de former cette personne pour qu'elle sache ce que vous attendez d'elle pendant le travail de groupe. Sinon, vous serez forcé d'intervenir et de superviser directement les groupes. Les assistants et les volontaires peuvent devenir des collaborateurs valables si vous leur permettez de faire des suggestions et des commentaires. Dans les circonstances, vous êtes encore celui qui prend les décisions. Le rôle de votre assistant est d'observer et de recueillir des données sur les problèmes qui peuvent surgir pendant le travail de groupe. Vous pouvez également vous attendre à ce qu'il fasse des suggestions constructives pendant les rencontres d'équipe.

S'il n'est pas possible d'organiser un enseignement couplé, on peut faire équipe pour la planification et pour l'évaluation. Il n'est pas difficile d'organiser de brèves rencontres avec un collègue aux fins d'évaluation. De plus, il faudra que cette personne trouve le temps de visiter votre classe et vous devrez lui rendre cette faveur. C'est pendant ces visites qu'on peut utiliser les outils d'évaluation. Après coup, il faut organiser une rencontre pour discuter des résultats de l'évaluation et pour décider comment améliorer les procédures. La plupart des directeurs sont favorables à ce type d'effort collégial pour améliorer l'enseignement. Certains d'entre eux se portent même volontaires pour s'occuper de la classe pendant les visites. J'ai vu très peu d'écoles où les enseignants et les administrateurs n'ont pas réussi à mettre au point un plan acceptable.

Ce type d'interaction collégiale est très gratifiant. Les expériences exigeant cette forme d'interaction ont toutes révélé que les enseignants considèrent que faire équipe avec un collègue pour planifier, observer et évaluer le travail de groupe est l'une des expériences les plus satisfaisantes et des plus stimulantes de leur vie professionnelle. Même s'ils appréhendaient initialement le fait qu'un autre enseignant vienne les observer au travail, ils ont apprécié la critique constructive d'un collègue qui fait face aux mêmes problèmes qu'eux. Ils se sont rendu compte qu'ils attendaient depuis longtemps ce genre de rétroaction.

8 Transformer les attentes de compétence

Revenons maintenant aux pièges du travail de groupe discutés au chapitre 3. Que peut-on faire pour résoudre le problème des élèves de haut statut qui dominent l'interaction et celui des élèves de bas statut qui se retirent dans leur coin? Peut-on agir sur la cause fondamentale de la non-participation des élèves de bas statut, le bas niveau des attentes de compétence à leur égard?

Rappelez-vous que, en règle générale, on s'attend à ce que les élèves de haut statut aient une bonne performance dans des tâches intellectuelles nouvelles, tandis qu'on s'attend à ce que les élèves de bas statut aient une piètre performance dans les mêmes tâches. Lorsque l'enseignant confie une tâche à un groupe, le mécanisme des attentes de compétence fait qu'il va s'attendre à ce que les élèves de haut statut parlent plus et exercent plus d'influence que les élèves de bas statut. Les élèves de bas statut sont donc encore une fois considérés comme incompétents. Cela se produit même si on donne au groupe une tâche nouvelle et complexe qui ne met pas l'accent sur les habiletés scolaires ordinaires.

Il y a deux stratégies qui peuvent avoir un certain effet sur ce problème: 1) établir des normes de coopération comme «tout le monde participe» et «tout le monde aide» et 2) donner un rôle à jouer à tous les élèves. Ces deux stratégies produiront une augmentation du taux de participation des élèves de bas ou de haut statut et empêcheront les élèves de haut statut d'accaparer la discussion. De plus, en parlant et en discutant avec les autres, les élèves de bas statut amélioreront leur performance.

Est-ce que cela règle complètement les problèmes de statut? Pas vraiment, car on n'a pas agi sur les attentes de compétence. Imaginez un groupe bien formé où les élèves jouent différents rôles; en moyenne, les élèves de bas statut parlent tout autant que ceux de haut statut. Néanmoins, les membres du groupe continuent de penser que l'élève de bas statut a moins de bonnes idées que l'élève de haut statut. Les élèves de bas statut participent, mais ils sont moins influents et moins actifs que les élèves de haut statut. Et les élèves de bas statut continuent de penser que leurs contributions au groupe sont moins valables que celles des élèves de haut statut. De plus, le fait que les élèves vivent une expérience de groupe réussie n'améliore pas les attentes de compétence pour les tâches de groupe ultérieures. Il faut changer la nature des attentes de compétence si l'on veut que le comportement actif des élèves de bas statut soit perçu comme compétent et que ces attentes de compétence soient transférables à d'autres tâches. Il est nécessaire de créer des attentes positives de compétence intellectuelle qui se combineront avec l'ensemble des attentes systématiquement négatives et les atténueront.

Si vous réussissez à surmonter ces problèmes d'attentes invariablement négatives, les élèves de votre classe qui échouent d'habitude pourront acquérir un sentiment de compétence qui sera reconnu par leurs camarades. Et lorsque vous passerez à d'autres tâches de groupe, ces élèves s'attendront à apporter de bonnes contributions à chaque nouvelle tâche et cette attente sera partagée par les autres.

UN RÔLE D'EXPERT POUR L'ÉLÈVE DE BAS STATUT

Concevoir une situation où l'élève qu'on considère incompétent agira à titre d'expert constitue la façon la plus directe de modifier les faibles attentes de compétence à son égard. La meilleure façon d'atteindre ce but est sans doute de donner à l'élève une tâche ou il est déjà un expert. Par exemple, un élève hispanophone peut montrer aux autres une chanson ou un poème en espagnol. Ce genre de stratégie, apparemment simple, exige cependant d'être préparé soigneusement. Ne présumez pas qu'un élève sait comment enseigner quelque chose en espagnol simplement parce qu'il a un nom espagnol ou qu'il parle un peu d'espagnol. Sa connaissance de l'espagnol est peut-être limitée; de plus, enseigner est une habileté différente de réciter un poème ou de chanter une chanson. Vous devez bien préparer l'élève à ce rôle d'enseignant.

On croit, à tort ou à raison, que tous les élèves d'origine hispanique maîtrisent l'espagnol. C'est une attente de compétence stéréotypée. En outre, il est peu probable qu'agir à titre d'expert en espagnol changera les attentes de compétence dans d'autres types de tâches, parce que c'est une attente stéréotypée associée à l'ethnie. L'expertise en cuisine pour la femme et en basket-ball pour les Afro-Américains sont du même type. Même si les gens sont prêts à concéder que les femmes et les Afro-Américains sont des experts dans ces deux domaines, ces attentes de compétence *ne sont pas transférées* à d'autres tâches considérées comme importantes.

En dépit de ces limites, cette forme d'expertise peut avoir le mérite de donner à un élève de bas statut la chance de jouer le rôle de leadership comme celui d'enseignant. Cependant, si vous ne précisez pas à tous que le fait d'enseigner à une classe est une forme de compétence et une habileté importante, le groupe ne remarquera pas qu'«enseigner une chanson et chanter une chanson» sont deux habiletés différentes.

Chaque élève de votre classe est un expert dans une habileté intellectuelle importante. Essayez de la découvrir. Des tâches de groupes complexes vous permettront de déceler des habiletés et des talents que les tâches scolaires ordinaires ne permettent pas de voir. Faites une liste des domaines où chacun des élèves de votre classe est un expert. À partir de cette liste, cherchez des façons de permettre aux élèves, en particulier à ceux qui ont un bas statut scolaire ou social ou un bas statut parmi leurs pairs, d'agir à titre d'experts dans un groupe. Cette technique simple n'est toutefois efficace que si les membres du groupe reconnaissent que l'élève est un expert dans ce domaine et si celui-ci est vraiment compétent.

LA FORMATION AU CHANGEMENT DES ATTENTES DE COMPÉTENCE

J'ai effectué, avec des collègues et des étudiants diplômés, plusieurs expériences dans lesquelles un élève de bas statut enseignait à un élève de haut statut dans le cadre d'une tâche nouvelle, exigeante et considérée comme importante. Nous avons appelé cette procédure la «formation au changement des attentes de compétence». Les tâches que nous avons utilisées à cet effet ne sont pas propres à une culture et ne sont attribuées d'une manière stéréotypée à aucun groupe en particulier. Nous avons choisi des tâches comme construire une figure avec des pailles à partir d'une loi mathématique, construire une radio à deux transistors ou faire un casse-tête chinois.

La force de cette méthode réside dans le fait qu'elle s'attaque à la fois aux attentes de compétence de l'élève de bas statut lui-même et à celles de l'élève de haut statut à l'égard du premier. En théorie, faire des élèves de bas statut des experts dans une tâche nouvelle fournit deux sources d'attentes positives de compétence. Les élèves acquièrent des attentes positives en montrant une compétence par rapport à la tâche elle-même, et ils développent des attentes de compétence en étant de bons enseignants. Ces attentes nouvelles se combinent avec les anciennes attentes négatives; il en résulte un accroissement du niveau général d'attentes de compétence ainsi qu'une participation accrue aux tâches du groupe et une plus grande influence sur ses décisions.

En laboratoire, la formation au changement des attentes de compétence a produit systématiquement un accroissement de la participation et de l'influence des élèves de bas statut; les groupes qui ont suivi la procédure ont des comportements qui reflètent une structure où les statuts sont égaux. La procédure a été efficace avec des groupes d'élèves blancs et noirs, (Cohen et Roper, 1972), pour des groupes d'élèves hispanophones et anglophones (Robbins, 1977), pour des groupes d'élèves canadiens indiens et anglophones (Cook, 1974) et pour des élèves juifs orientaux et occidentaux en Israël (Cohen et Sharan, 1980).

Nous avons pu montrer dans une expérience menée dans une école d'été regroupant des Noirs et des Blancs que, si la formation au changement des attentes de compétence était utilisée pendant la première semaine, il était possible de maintenir pendant les six semaines suivantes une interaction basée sur l'égalité des statuts. Les élèves afro-américains ont enseigné aux élèves blancs une série de tâches scolaires et non scolaires. Les Afro-Américains étaient venus à l'école d'été une semaine plus tôt que les autres pour recevoir une formation spéciale pour les préparer à leur rôle d'enseignant. À la fin du cours d'été, les Afro-Américains étaient aussi influents et actifs, sinon plus, que les Blancs dans les tâches de groupe de «Shoot the Moon» (Cohen, Lockheed et Lohman, 1976). Dans cette étude, tous les élèves étaient en cinquième ou en sixième année, mais les élèves afro-américains provenaient d'une classe sociale nettement plus basse que les élèves blancs. Cependant, dans le contexte de l'école d'été, il n'était pas nécessaire de posséder au préalable les habiletés scolaires traditionnelles pour réussir les tâches du programme.

La formation au changement des attentes de compétence est une procédure extraordinairement efficace. Non seulement l'élève de bas statut démontre-t-il, après l'application de la procédure, une compétence impressionnante, mais il est également capable, comme le fait tout enseignant, de diriger l'élève de haut statut, ce qu'un élève dont le statut se trouve au bas de l'échelle hiérarchique de la classe a très rarement l'occasion de faire. Même lorsqu'on utilise une tâche non scolaire comme le casse-tête chinois, les évaluations positives reçues par celui qui a montré aux autres comment faire sont transférées à une large variété de tâches de groupe exigeant des habiletés intellectuelles.

Il ne faut jamais entreprendre la formation au changement des attentes de compétence avant d'y avoir longuement réfléchi. Il ne faut pas s'y essayer si l'on n'a pas de personnes-ressources (assistants, élèves plus âgés, volontaires) qui passeront du temps avec chacun des élèves de bas statut destinés à jouer un rôle d'enseignant. Le danger est que l'élève de bas statut *échoue* comme enseignant et qu'il s'expose ainsi à une autre évaluation négative. *Cela ne doit pas arriver.* La seule façon de l'éviter est de préparer avec soin chaque élève individuellement et d'être sûr qu'il peut démontrer sa compétence à la satisfaction du formateur avant d'aller enseigner.

La formation au changement des attentes de compétence est une procédure difficile à implanter en classe. Les enseignants n'ont souvent pas le temps de préparer les élèves à jouer leur rôle d'enseignant de façon à garantir leur réussite. Même si l'on confie cette tâche à un auxiliaire, il faudra préparer celui-ci avec soin pour que chaque élève atteigne un niveau de compétence suffisant avant qu'on lui permette de démontrer son habileté d'enseignant.

L'une des choses les plus difficiles de cette procédure est de convaincre les personnes de bas statut de leur compétence. En fait, il est plus difficile de changer les attentes de compétence que ces élèves ont vis-à-vis d'eux-mêmes que de changer celles de leurs camarades de classe. Vous verrez que, même si les élèves sont capables d'exécuter la tâche et de l'enseigner avec un grand talent, ils auront encore de la difficulté à se considérer habiles.

Un autre problème important peut surgir quand la formation est donnée par un assistant. Si l'enseignant appartient à un groupe ethnique de haut statut et l'assistant au même groupe minoritaire que les élèves de bas statut, la formation au changement des attentes de compétence peut être inefficace. On a montré, dans des conditions expérimentales, que la formation au changement des attentes de compétence *ne* fonctionne *pas* dans un contexte où l'enseignant et son assistant reflètent la hiérarchie des statuts sociaux, c'est-à-dire lorsque, par exemple, l'enseignant est anglophone et l'assistant, qui lui est clairement subordonné, est hispanophone. Dans une telle situation, il ne faut pas s'attendre à ce que l'élève de bas statut élève la voix pour dire à l'élève de haut statut ce qu'il faut faire, à moins que l'enseignant et l'assistant n'adoptent un comportement qui réflète une égalité de statut (Cohen, 1982).

LA STRATÉGIE DES HABILETÉS MULTIPLES

«Quand on voit les gens travailler ensemble, on découvre chez les élèves des habiletés qu'on ignorait. Ce garçon, par exemple, était très timide. Il restait toujours à l'écart. Il ne faisait rien, ne disait rien, jusqu'au jour où nous avons eu ce projet en art. C'est comme s'il l'avait visualisé tout d'un coup. Il a pris un crayon et un morceau de papier et il s'est mis à dessiner toutes sortes de choses dont nous ne le croyions pas capable, avant de découvrir un côté de lui que nous ne connaissions pas.» (Maria, une élève de septième année.)

Maria est élève dans une classe où l'enseignant utilise la procédure des habiletés multiples pour résoudre les problèmes de statut. Selon elle, ses camarades ne sont pas classés comme plus ou moins intelligents. Elle voit les gens comme possédant des habiletés intellectuelles multiples et le travail de groupe lui apparaît comme une occasion de découvrir ces habiletés spécifiques.

De plus, Maria se rend compte que les tâches de travail de groupe que donne son enseignant exigent plusieurs habiletés intellectuelles et plusieurs compétences. Parce que l'enseignant a souvent observé: «Aucun d'entre nous ne possède toutes ces habiletés. Chacun en possède quelques-unes», Maria s'attend, au début de chaque tâche, que chaque élève aura quelque chose de valable à apporter et qu'aucun d'entre eux ne possédera toutes les compétences. En conséquence, comme tous les autres membres du groupe, elle est préparée à recevoir les contributions de chacun et n'est pas portée à se retirer et à laisser une seule personne faire le travail.

L'élément qui contribue le plus à l'efficacité de ce traitement est la modification des attentes de compétence avec lesquelles les élèves commencent une nouvelle tâche. Les attentes de compétence à l'égard des élèves de haut statut ne seront plus uniformément élevées, mais on s'attendra à ce qu'ils aient, comme tous les autres, des forces et des faiblesses. Il en ira de même pour les élèves de bas statut: ils s'attendront à être doués pour certaines habiletés importantes pertinentes. L'enseignant aura créé pour chacun *un ensemble diversifié d'attentes*. Ainsi, lorsque les élèves travailleront ensemble, les différences entre les attentes de compétences des élèves de haut statut et celles des élèves de bas statuts seront beaucoup moins marquées que dans des classes où les enseignants n'ont pas utilisé la procédure des habiletés multiples.

La recherche

La stratégie des habiletés multiples a été mise au point par J. Tammivaara (1982) lors d'une étude en laboratoire avec des élèves qui jugeaient avoir une capacité de lecture bonne ou moyenne. On expliquait les diverses habiletés nécessaires pour la tâche de survie «Lost on the Moon» (Hall, 1971) avant que les groupes ne commencent leurs discussions. Le responsable de l'expérimentation disait ensuite aux élèves: «Personne ne sera doué pour toutes ces habiletés, mais chacun d'entre vous sera doué pour au moins une d'entre elles.» (Tammivaara, 1982, p. 216) On précisait également aux élèves que la capacité de lecture n'avait pas d'importance pour cette tâche, puisque tous les objets étaient illustrés sur les fiches d'activité. Les groupes qui avaient suivi la procédure des habiletés multiples ont eu des comportements reflétant une égalité de statut, tandis que ceux qui ne l'avaient pas suivie avaient tendance à se laisser dominer par les élèves les plus forts en lecture. Cette étude a prouvé qu'on peut intervenir efficacement dans les attentes de compétence en définissant des habiletés multiples pour chacune des tâches. On empêche ainsi les élèves de postuler que le statut scolaire constitue la seule base pertinente pour les prédictions de compétence.

Rosenholtz (1985) a créé un programme d'une semaine utilisant la stratégie des habiletés multiples pour des classes de quatrième année où les élèves se connaissaient depuis un certain temps et avaient pu évaluer leurs capacités de lecture respectives. Dans cette expérimentation en classe, Rosenholtz a créé un ensemble diversifié d'attentes de compétence non pas en parlant des habiletés aux élèves, mais en leur faisant découvrir trois nouvelles habiletés dans le contexte de petits groupes supervisés par un adulte. Les trois nouvelles habiletés étaient les suivantes: la visualisation, le raisonnement et la pensée intuitive. On avait soigneusement aménagé les tâches de groupe pour que les élèves les plus forts en lecture ne soient pas en mesure de dominer les groupes et pour que les plus faibles en lecture puissent avoir une évaluation favorable de leur compétence. On demandait aux élèves de tenter à tour de rôle de répondre à des questions et on utilisait des tâches qui permettaient à chacun d'apporter une contribution différente au produit final. On recomposait les groupes pour chaque tâche, afin que les élèves aient l'occasion de travailler avec plusieurs de leurs camarades.

Les résultats ont montré que les élèves faibles en lecture qui avaient suivi le programme étaient plus actifs et plus influents que les élèves faibles en lecture provenant d'une classe qui ne l'avait pas suivi lorsqu'on leur demandait jouer à «Shoot the Moon». Le comportement des groupes qui avaient suivi le programme reflétait encore les inégalités de statut en ce que les meilleurs en lecture avaient tendance à être plus actifs et plus influents, mais leur avantage avait été considérablement réduit.

Le programme de Rosenholtz a fourni aux élèves de bas statut l'occasion de mieux s'évaluer et d'être évalués plus favorablement par leurs pairs dans des tâches exigeant des habiletés nouvelles et différentes, et dans lesquelles la division du travail et l'intervention à tour de rôle empêchaient les phénomènes reliés au statut de se manifester. Une fois acquises, les évaluations favorables se combinaient avec les anciennes attentes de compétence et modifiaient les effets du statut dans l'exécution de nouvelles tâches.

J'ai déjà démontré que le statut avait des effets très forts dans une classe hétérogène sur le plan linguistique et scolaire où des petits groupes travaillaient à des tâches d'exploration en mathématiques et en sciences (Cohen, 1984). Lorsque les enseignants ont utilisé des stratégies d'habiletés multiples dans un contexte similaire à celui utilisé par Tammivaara, les effets du statut sur l'interaction ont été réduits, mais non éliminés (Cohen, Lotan et Catanzarite, 1988). Les individus de haut statut étaient encore ceux qui étaient les plus susceptibles d'offrir leur assistance aux élèves de bas statut, ce qui suggère que le statut était toujours associé aux attentes d'un plus haut niveau de compétence.

Les habiletés multiples: une définition

L'utilisation de la stratégie des habiletés multiples repose sur une nouvelle manière de concevoir l'intelligence humaine. Plutôt que de vous interroger sur le niveau d'intelligence d'un élève, imaginez qu'il y ait différentes sortes d'intelligences ou d'habiletés intellectuelles auxquelles il faut faire appel dans certaines situations ou pour certains aspects d'une tâche donnée. Prenez, par exemple, la tâche d'enseigner. Enseigner exige des habiletés dans le domaine des relations interpersonnelles, le sens de l'organisation, la connaissance de sa matière, la capacité de communiquer et la créativité.

Lorsqu'on pense au monde du travail, on voit facilement qu'il est essentiel de maîtriser différentes sortes d'habiletés pour une tâche comme celle d'enseigner. Pourtant, lorsque nous pensons à l'intelligence des élèves, nous la ramenons souvent à quelques critères scolaires conventionnels et étroits: être doué en lecture, en écriture et en calcul. Cette étroitesse de vue reflète l'étroitesse des programmes scolaires, qui reflètent à leur tour une conception traditionnelle de l'école plutôt que la façon dont on utilise son intelligence dans le monde du travail.

L'étroitesse des tâches scolaires conventionnelles est un des éléments qui contribuent à créer dans la classe une échelle hiérarchique de statuts où les élèves s'évaluent les uns les autres selon une seule dimension de leurs habiletés. On est doué, moyen ou nul dans les tâches scolaires. De plus, l'un des premiers indicateurs de l'habileté scolaire de l'enfant est son habileté en lecture; tant pour les élèves que pour les enseignants, cette habileté devient un indice de l'intelligence générale dans de nombreuses classes.

La stratégie des habiletés multiples va dans le sens des travaux actuels, où l'on tente de reconceptualiser l'intelligence humaine, que l'on a considérée pendant longtemps comme unidimensionnelle. On croyait qu'il était possible de l'évaluer à l'aide d'un seul indice; on classait des peuples ou des ethnies entières comme doués ou nuls. Dans un livre important, *La Mal-mesure de l'homme* (1981), Stephen Jay Gould a rendu un grand service au monde de l'éducation en retraçant l'histoire de cette conception de l'intelligence et en montrant comment elle est profondément enracinée dans la culture occidentale. Son analyse des biais dans la recherche d'hier et d'aujourd'hui sur le concept d'intelligence soulève des doutes fondamentaux sur la conception unidimensionnelle de l'intelligence. Dans *Frames of Mind* (1983), Howard Gardner tente de conceptualiser l'intelligence comme multiple et rattachée à des régions précises du cerveau. Il distingue plusieurs formes d'intelligence: l'intelligence linguistique, musicale, spatiale, corporelle-kinesthésique et sociale. Sternberg (1985) voit l'intelligence comme une série de processus que les personnes appliquent aux situations auxquelles elles doivent faire face. Pour Sternberg, l'intelligence est multidimensionnelle et elle peut sûrement être développée.

La stratégie des habiletés multiples exige que vous développiez chez vos élèves la conviction que les tâches de groupe font appel à de nombreuses habiletés intellectuelles. Pour y arriver, il faut auparavant que vous analysiez ces tâches en fonction des habiletés qu'elles exigent. Il n'y a pas de liste toute faite des habiletés. Vous devez analyser les tâches sous un angle qui, en un sens, vous est déjà familier, puisque vous avez toujours su que vous utilisez votre intelligence de nombreuses manières pour résoudre des problèmes et pour accomplir des tâches importantes au travail et dans la vie familiale. Gardez à l'esprit qu'il fait partie de la vie quotidienne des adultes de s'engager dans des activités hautement complexes de résolution de problèmes. Ces activités sont scolaires, techniques ou politiques, et un grand nombre d'entre elles font appel à des habiletés sociales qui comportent des relations interpersonnelles: gérer, coordonner, se mettre à la place de l'autre, enseigner, apprendre, faire de la recherche, diriger, superviser, écrire, dessiner, construire, développer, négocier, évaluer, compter, calculer et agir. Ce sont là des activités que vous pouvez retrouver dans des tâches de groupe complexes.

Beaucoup des problèmes de statut que j'ai décrits disparaîtraient si vous pouviez concevoir l'intelligence des élèves comme celle des adultes et si vous reconnaissiez que chacun a des forces et des faiblesses dans toutes les habiletés exigées pour vivre en société et travailler. Il n'est pas nécessaire d'attribuer à chacun des élèves des habiletés particulières, ce qui l'empêcherait d'en développer des nouvelles. Je recommande plutôt de considérer chaque tâche comme requérant des habiletés intellectuelles *spécifiques;* ainsi, l'élève qui a exécuté la tâche apparaîtra comme possédant plusieurs habiletés différentes très utiles. Les élèves devraient avoir l'occasion d'essayer un large éventail d'activités pour pouvoir continuer à mettre en pratique leurs habiletés intellectuelles.

Les préalables

Pour être efficace, la stratégie des habiletés multiples doit comprendre deux préalables: 1) convaincre les élèves que la tâche exige plusieurs habiletés différentes; 2) créer un ensemble varié d'attentes de compétence pour chaque élève.

Il est préférable d'expliquer ces éléments pendant la séance d'orientation du travail de groupe. Vous pouvez convaincre vos élèves que la tâche nécessite plusieurs habiletés différentes grâce à votre propre analyse. Suggérez certaines des habiletés intellectuelles *spécifiques* exigées par la tâche. Demandez aux élèves de suggérer les habiletés qu'ils pensent nécessaires. Soulignez comment ces habiletés sont importantes pour résoudre des problèmes dans la vie adulte. Pendant la séance de retour sur le travail, insistez sur les habiletés multiples énumérées pendant la séance d'orientation et utilisées pour terminer les tâches aux centres d'apprentissage. Vous pourriez demander aux élèves de nommer d'autres habiletés qui sont apparues essentielles au cours du travail de groupe. Les élèves apprennent vite à analyser les tâches à l'aide de cette méthode, qu'ils adoptent rapidement eux-mêmes.

Certains élèves ont une excellente capacité de raisonnement; vous devez mettre en évidence cette habileté d'une manière très donnée, tout comme dans le cas des autres habiletés. Résoudre un problème par une expérience, émettre une hypothèse, analyser logiquement un problème, décrire le fonctionnement d'une machine, considérer une question sous plusieurs angles ou faire des liens entre des idées ou des concepts, voilà autant d'habiletés spécifiques reliées au raisonnement qui sont exigées par des tâches particulières du travail de groupe. Plutôt que de décrire la créativité d'une manière générale, parlez des habiletés spécifiques qui y sont reliées: créer un rôle dramatique dans un sketch, imaginer plusieurs solutions, penser de nouveaux usages pour des objets familiers, composer une chanson, concevoir une idée d'illustration, imaginer ce que devait être la vie il y a longtemps ou jouer le rôle de personnes très différentes. Pour exécuter plusieurs de ces tâches de groupe complexes, il faut pouvoir se représenter une chose dans l'espace et la visualiser. Encore une fois, vous pouvez parler plus précisément de l'habileté à tracer le diagramme d'un concept mathématique, à illustrer une idée par une bande dessinée, à créer une maquette ou à construire un mécanisme sophistiqué.

Le second préalable est celui que les enseignants oublient le plus souvent, mais il est essentiel. Après avoir expliqué que les tâches exigent des habiletés multiples, ajoutez toujours ces deux phrases: *Personne ne possède toutes ces habiletés; chacun de nous en possède quelques-unes.* Aidez les élèves à voir pourquoi ces phrases s'appliquent. Si les tâches sont vraiment des tâches à habiletés multiples, il est très peu probable que quelqu'un soit excellent dans toutes les habiletés exigées. Et, d'une manière ou d'une autre, chacun des élèves sera en mesure d'apporter une contribution intellectuelle. Ces deux phrases sont au centre de la stratégie des habiletés multiples parce qu'elles aident les élèves à voir qu'on ne peut classer une personne comme bonne ou mauvaise dans le travail de groupe, mais que chacun possède des compétences différentes. Les enseignants qui se servent habilement de cette stratégie rappellent souvent aux élèves qu'ils doivent reconnaître les habiletés de chacun s'ils veulent que leur production de groupe soit la meilleure possible.

Les détails de l'application

Mettez l'accent sur ce que les élèves considèrent comme des habiletés intellectuelles. Les élèves accordent de l'importance aux habiletés sociales, mais ils ne les classent pas comme des habiletés intellectuelles. À moins d'être capable de convaincre les élèves qu'il existe une intelligence sociale, ne désignez pas la «capacité de bien s'entendre avec les autres» comme une des habiletés multiples.

Évitez de parler des habiletés qui suggèrent que certains élèves travaillent bien «avec leur tête», et d'autres «avec leurs mains». La culture occidentale ne considère pas le travail manuel comme un travail intellectuel. Il en va de même du travail de l'artiste. Lorsque vous discutez de l'habileté artistique, découpez-la en fonction de la tâche: visualiser, créer une illustration ou utiliser des symboles artistiques.

Soyez très précis sur l'importance de certaines habiletés pour des tâches particulières. Encouragez les élèves à analyser eux-mêmes les habiletés nécessaires. Encouragez-les également à développer de nouvelles habiletés. Ne laissez pas entendre que les gens n'ont que des habiletés innées.

La stratégie des habiletés multiples et les programmes scolaires

Bien entendu, vous ne pouvez utiliser la stratégie des habiletés multiples à moins que les tâches du travail de groupe n'exigent réellement des habiletés intellectuelles multiples, comme les tâches de groupe complexes décrites au chapitre 5. Si les tâches de groupe ne sont que les travaux ordinaires faits en classe, les élèves ne croiront pas qu'ils requièrent un grand nombre d'habiletés.

Les tâches qui exigent que les élèves créent un jeu de rôles, construisent une maquette, schématisent les relations entre des idées ou découvrent et décrivent des relations en manipulant de l'équipement ou des objets sont des exemples de tâches à habiletés multiples. Ce genre de tâches offre aux élèves l'occasion de discuter des questions stimulantes avant de créer un produit final ou pendant le travail de groupe. En sciences, les tâches comportant l'observation, la manipulation précise, l'enregistrement soigné des données, la formulation d'hypothèses sur les causes et les effets et la rédaction d'un rapport clair et concis exigent des habiletés multiples. Voici deux exemples de telles tâches dans d'autres matières:

- Un enseignant d'allemand, au secondaire, demande aux groupes d'imaginer un monde idéal afin de leur permettre d'approfondir leur compréhension du subjonctif en allemand. Le produit final, «Unsere ideale Welt», doit représenter les opinions de l'ensemble des membres de chacun des groupes. Ils doivent créer une illustration de leur monde idéal et la présenter à la classe en utilisant le subjonctif. Toutes les discussions doivent être en allemand. Chaque groupe a du matériel d'art, un dictionnaire allemand-anglais et la fiche d'activité. (Anneliese Ohlund, Los Altos High School, Californie, 1992.)
- Une classe d'anglais, au premier cycle du secondaire, étudie les *Martian Chronicles* de Ray Bradbury. L'une des activités de groupe conçue par Jean Babb, l'enseignante, dans le cadre de ce sujet, est la dramatisation d'une des histoires dans la forme du Reader's Theater. Dans cette forme de théâtre, les acteurs s'habillent tous de la même manière, utilisent des

trépieds pour tenir leur texte et se placent à un endroit donné sur la scène. Chacun lit le dialogue qui correspond à son rôle. La voix et les gestes sont très importants pour communiquer à l'auditoire les traits particuliers de chaque personnage. Un deuxième groupe d'élèves doit choisir une histoire et monter un spectacle de journalisme d'enquête. On demande à un troisième groupe de créer un dialogue d'après une des histoires et à un quatrième de produire un sketch. (Jean Babb, Jane Lathrop Stanford Middle School, Palo Alto, California.)

La lecture, l'écriture et le calcul

Les habiletés de base sont requises pour les tâches à habiletés multiples. Par exemple, l'élève doit pouvoir lire la fiche d'activité. Tous doivent rédiger un rapport individuel, même si, dans le cas des jeunes enfants, il ne comporte qu'une phrase. Les opérations mathématiques font souvent partie de tâches intéressantes de travail de groupe.

Cependant, la maîtrise des habiletés de base n'est pas essentielle pour une participation réussie à la tâche. Les élèves faibles en lecture peuvent recevoir l'assistance des membres du groupe. Ils peuvent écouter la discussion où le groupe cherche à déterminer ce qu'implique la tâche. Ils peuvent interpréter les images et les diagrammes des fiches d'activité. Ils seront plus motivés à exprimer leurs idées une fois qu'ils auront participé à la création de productions de groupe qui utilisent des concepts centraux. Leurs pairs peuvent les aider à exprimer leurs idées. Les idées qu'ils ont apportées à la discussion de groupe ou qu'ils ont entendues peuvent également les motiver à écrire.

Lorsque vous utilisez la stratégie des habiletés multiples, vous dresserez certainement avec vos élèves, lors de la séance d'orientation, la liste des habiletés de base exigées par la tâche. Comme les habiletés de base ne constituent qu'une partie de l'ensemble des habiletés requises, elles seront perçues comme importantes mais elles ne pourront pas, comme dans beaucoup de classes traditionnelles, amener les élèves les plus faibles dans ces domaines à se sentir incapables de réussir l'activité.

L'ATTRIBUTION DE COMPÉTENCE AUX ÉLÈVES DE BAS STATUT

Candida Graves, une enseignante de quatrième année dans une classe bilingue, décrit ce qui s'est passé lorsqu'elle a attribué une compétence à un élève de bas statut.

«Une année, j'avais un élève appelé Juan. Il était très calme et ne parlait jamais. Il n'était pas très fort en classe et n'avait pas un bon dossier scolaire. Il n'était arrivé au pays que depuis deux ou trois ans et parlait tout juste assez anglais pour être classé comme faible en anglais. Il ne semblait pas avoir beaucoup d'amis, mais il n'avait pas d'ennemis non plus. On ne lui accordait pas trop d'attention.

«Un jour, nous faisions une activité qui comportait l'utilisation de décimales, et j'ai remarqué en circulant parmi les élèves qu'il était le seul de son groupe à avoir toutes les bonnes réponses. Je lui ai dit: «Juan! Tu as réussi tous les problèmes sur cette fiche de travail. Tu comprends comment fonctionnent les décimales. Tu comprends vraiment ce type de problèmes. Pourrais-tu l'expliquer à ton groupe? Je vais revenir dans une minute pour voir comment tu t'y es pris.» Et je suis partie. Je ne pouvais le croire. Il s'est mis à expliquer aux autres. Je ne croyais pas que ça marcherait, mais il a si bien réussi que tous les autres ont compris et qu'ils ont pu terminer leur fiche de travail. Ils étaient tout excités à ce sujet. J'ai raconté cela à toute la classe et je me suis mise à l'appeler «le petit malin». Ce surnom a été repris par les habitants de son quartier et, encore aujourd'hui, des jeunes de ce quartier viennent me parler de Juan, le petit malin. Je ne puis m'empêcher de penser: «Tout cela a commencé par une petite intervention!» (Graves et Graves, 1991.)

Une fois que vous avez préparé la voie avec la stratégie des habiletés multiples, l'attribution de compétence aux élèves de bas statut est une seconde procédure que vous pouvez utiliser pour modifier les attentes de compétence. Cette procédure repose sur le pouvoir de l'enseignant comme évaluateur. Les élèves ont tendance à croire aux évaluations que les enseignants font d'eux. Ainsi, si l'enseignant évalue devant la classe un élève de bas statut comme fort dans une habileté intellectuelle, cet élève aura tendance à croire l'évaluation, et les autres élèves auront tendance à en accepter la validité. Une fois que cette évaluation aura été acceptée, les attentes de compétence pour cette tâche auront tendance à susciter une plus grande participation de l'élève de bas statut et celui-ci exercera une plus grande influence sur le groupe. Le succès dans une première tâche engendrera la réussite des tâches de groupe suivantes, comme cela s'est produit dans le cas de Juan.

Cette procédure est très efficace. Elle peut faire beaucoup pour stimuler la participation des élèves de bas statut. Très souvent, vous surveillez ces élèves simplement pour voir s'ils sont perplexes ou s'ils réussissent à se tirer d'affaire. Quand ils font quelque chose de réellement bien, personne, pas même vous, ne le remarque. Pour attribuer de la compétence aux élèves de bas statut, il vous faut bien observer les cas où ils font effectivement des contributions intellectuelles. Ayez toujours un bloc-notes lorsque vous surveillez le travail de groupe. Vous pourrez y noter vos observations sur les élèves de bas statut.

Pour être efficace, l'attribution de compétence doit comporter trois traits essentiels:

- l'évaluation de l'élève de bas statut doit être faite devant la classe;
- elle doit être précise et se référer à des habiletés intellectuelles spécifiques;
- il faut montrer que les habiletés attribuées à l'élève de bas statut sont pertinentes pour la tâche du groupe.

La reconnaissance de la compétence par toute la classe est un facteur clé. L'attribution de la compétence n'est pas seulement bénéfique pour l'élève de bas statut; elle l'est aussi pour le groupe, car le problème vient en partie des attentes que les autres ont à l'égard de l'élève de bas statut. Il faut donc changer également les attentes du groupe à l'égard de cet élève. Le fait d'attribuer une certaine compétence devant la classe indique que vous êtes convaincu que cet élève possède une habileté particulière. Cela aide à changer les attentes de l'élève et celles de ses camarades à son égard.

Lorsque les élèves arrivent au début du secondaire, il y a danger qu'une trop grande attention accordée à un élève en particulier ne lui cause de l'embarras et ne provoque des réactions négatives de la part de ses pairs. Faites ressortir ses habiletés en énonçant des faits seulement; ne soyez pas trop expansifs. Soyez honnêtes et n'inventez pas d'histoires concernant des habiletés que vous n'avez pas réellement observées. De plus, vous n'avez pas à limiter cette procédure aux élèves de bas statut. Nombre d'élèves dont le statut se situe dans la moyenne inférieure pourraient aussi tirer profit d'une évaluation favorable de notre part.

Si vous êtes très précis concernant l'habileté que manifeste l'élève, ce dernier et l'ensemble du groupe sauront exactement ce qu'il a fait de bien. Il faut décrire les habiletés avec des termes concrets (par exemple, comprendre un système de notation dans un devoir de mathématiques).

Enfin, souligner la pertinence de l'habileté pour la tâche a l'effet de renforcer considérablement les attentes de compétence pour l'activité en cours. Vous pouvez par exemple observer: «Rosita est une personne-ressource importante pour le groupe. Elle peut vous aider à former vos tangrams.»

Ce n'est pas une procédure facile à mettre en œuvre. Elle exige que vous observiez la performance des élèves par rapport aux habiletés multiples et que vous analysiez ce qu'ils font afin de décrire l'habileté dont ils font preuve d'une manière précise et d'en souligner la pertinence pour la tâche. Beaucoup d'enseignants trouvent qu'il est plus facile de prendre des notes pendant que les élèves sont dans leur groupe et de présenter les attributions de compétence le lendemain, après avoir pris le temps d'étudier leurs notes et d'y réfléchir. Lors de la séance d'orientation, on peut combiner l'attribution de compétence avec la rétroaction sur le fonctionnement et la performance des groupes de la veille.

Plus les enseignants utilisent la stratégie des habiletés multiples et l'attribution de la compétence, plus le taux de participation des élèves de bas statut est élevé dans les classes élémentaires (Cohen, 1988). Dans les classes où les enseignants utilisent cette stratégie fréquemment, il y a moins de différence entre la participation des élèves de haut statut et celle des élèves de bas statut que dans les classes où les enseignants utilisent peu cette procédure.

L'ENSEIGNEMENT GRÂCE AUX TÂCHES À HABILETÉS MULTIPLES

Les stratégies développées pour traiter les problèmes de statut sont fortement recommandées pour le travail de groupe. Elles augmenteront l'intérêt et la participation des élèves de bas statut. Elles amélioreront les attentes de compétence et ces améliorations seront transférables à de nouvelles tâches de groupe. Il n'y a toutefois aucune raison de s'attendre à ce que ces nouvelles attentes de compétence soient transférées à des leçons de lecture et de mathématiques données d'une manière traditionnelle. Si vos groupes sont séparés en forts, moyens et faibles et si ces leçons n'utilisent qu'un éventail limité d'habiletés, vous verrez rapidement la hiérarchie des statuts se reconstituer. Si les formes traditionnelles d'évaluation constituent votre principale rétroaction pour les élèves, vous accentuerez également les problèmes de statut.

Si vous introduisez certains changements dans les tâches et dans vos pratiques d'évaluation et si vous agissez sur les problèmes de statut à l'aide des procédures adéquates, vous pourrez introduire les tâches à habiletés multiples dans votre classe. Ainsi, on percevra la compétence intellectuelle comme comportant plusieurs dimensions. On s'attendra à ce qu'aucun élève ne soit fort dans toutes ces dimensions et à ce que chaque individu soit fort dans au moins une dimension. On ne s'attendra pas à ce qu'un élève soit supérieur à tous les autres, quelle que soit la nature de la tâche.

Pour introduire les tâches à habiletés multiples dans votre classe, utilisez de préférence des tâches faisant appel à des habiletés intellectuelles de haut niveau et intégrant des habiletés de base. On peut regrouper temporairement les élèves pour leur enseigner les habiletés de base spécifiques qui leur manquent. Aussi longtemps que les élèves croiront que les mathématiques et la lecture requièrent une diversité d'habiletés, la hiérarchie des statuts ne se recréera pas. En plus de parler particulièrement aux élèves de leur performance, on peut utiliser les modes traditionnels d'évaluation pour que les élèves soient bien conscients de leurs forces et de leurs faiblesses sur plusieurs plans. L'introduction des tâches à habiletés multiples dans votre classe vous permettra de dispenser un enseignement de haut niveau en dépit de la grande diversité des habiletés scolaires.

9 Évaluer sa stratégie pédagogique

Kathy Egan et Debbie Marsing ont enseigné en équipe le premier jour du travail de groupe, dans la classe de natation de l'école secondaire de Mme Egan. Les élèves devaient travailler deux par deux pour pratiquer le coup de pied de la brasse. Chaque élève devait aider l'autre en analysant son coup de pied et en lui faisant des suggestions pour améliorer sa technique. La tâche avait été définie de manière à exiger des habiletés multiples comme l'observation, l'analyse du mouvement du partenaire, la compréhension du partenaire, la coordination, la force et l'endurance. Mme Marsing a évalué le travail de groupe en faisant des observations générales, en surveillant plusieurs élèves que Mme Egan lui avait signalés comme présentant des problèmes en classe et en donnant aux élèves un questionnaire simple à remplir. Voici ce qu'elle a écrit dans son rapport:

«Les instructions aux élèves étaient claires. Kathy a particulièrement bien expliqué les différentes tâches. Elle a pris cinq à sept minutes pour expliquer les différentes habiletés exigées par la tâche et la façon dont les élèves devaient travailler ensemble. Elle a écrit au tableau la liste des habiletés en donnant deux rôles pour chacune: aider et exécuter.»

Les élèves du groupe 2 ont eu de la difficulté à démarrer. Ils paraissaient les moins intéressés au début. Ils disaient qu'ils maîtrisaient parfaitement le coup de pied de la brasse. Mais lorsqu'ils ont commencé à se l'enseigner mutuellement, ils se sont engagés dans la tâche... Un autre groupe, Ray et Rick, sont demeurés concentrés sur la tâche pendant la plus grande partie de la période. Pendant les cinq minutes de l'observation, Ray et Rick avaient l'air de travailler ensemble; cependant, on entendait très peu d'échanges verbaux. Il y avait peu de délibérations, mais Ray exécutait la nage pendant que Rick regardait. Lorsque Ray revenait, ils pouvaient échanger quelques mots, mais Rick partait nager et Ray le regardait... Ray avait quelque difficulté à communiquer car il ne maîtrisait pas bien l'anglais. Il utilisait souvent ses mains pour expliquer à Rick le coup de pied de la brasse. Comme Ray avait un bon coup de pied, il pouvait venir en aide à Rick, dont le coup de pied était très mauvais. L'élève de bas statut était utile à cause de ses habiletés en observation et dans l'exécution du mouvement. Il maîtrisait bien ces habiletés même s'il n'était pas très fort en anglais.

Si l'on se base sur leurs performances, il semble que les élèves ne comprenaient pas d'abord complètement comment aider l'autre et lui enseigner. Ils ont compris graduellement, en voyant les autres groupes exécuter la tâche. Je n'ai pas observé que les élèves plus faibles manquaient plus que les autres d'intérêt pendant la classe. Cela renvoie aussi au troisième point du questionnaire. Il y avait des élèves de haut et de bas statut parmi ceux qui comprenaient et parmi ceux qui ne comprenaient pas. Même si certains élèves avaient de la difficulté à passer du rôle d'aide au rôle d'exécutant et qu'ils jouaient surtout l'un de ces deux rôles, la source de cette prédominance relevait de la maîtrise du mouvement et non du statut relatif des élèves. Les plus habiles aidaient ceux qui l'étaient moins. (Egan et Marsing, p. 2, 3, 5, 6.)

À la lumière de cette évaluation, l'équipe d'enseignantes s'est rendu compte que l'analyse de la performance d'une autre personne en natation est une habileté qui exige une préparation spéciale. Lorsque Mme Egan planifiera les activités du travail de groupe l'année prochaine, cette information très importante sera disponible dans ses dossiers.

Analysez votre travail de groupe avec un regard critique la première fois que vous l'essayez. Même si vous avez suivi fidèlement les principes généraux de la planification du travail de groupe, ces principes ne s'appliquent pas sans ajustements aux situations concrètes. On peut trouver des points à améliorer même avec les plans les mieux préparés.

Très souvent, les enseignants qui ont préparé avec soin le travail de groupe sont si contents de voir que les groupes d'élèves peuvent se gérer eux-mêmes qu'ils n'ont pas le goût d'être critiques. Il est toutefois très important d'observer objectivement ce qui se passe dès le premier jour de l'application. On peut ainsi repérer rapidement certains problèmes et soit les corriger tout de suite, soit revoir les instructions initiales, soit effectuer d'autres changements dans la structure de la tâche. Même s'il est trop tard pour rectifier la situation lors d'une classe, si vous avez bien pris des notes, vous pourrez améliorer la planification pour la prochaine classe. Si vous avez pu, tel que recommandé, trouver un partenaire pour travailler à la planification et à l'évaluation, ses observations vous permettront d'être plus objectif.

LES OUTILS D'ÉVALUATION

Nous vous présentons ci-dessous quelques outils simples et efficaces pour évaluer votre travail de groupe (*voir aussi l'appendice B*). Ils ont été développés en classe et n'exigent pas une formation spéciale en collecte et en analyse des données. Des enseignants expérimentés ou en formation les ont trouvés pratiques et utiles. Le présent chapitre donne un exemple de guide d'observation et de feuille de notation de la participation; on trouvera à l'appendice B un exemple de questionnaires pour les élèves et un guide d'analyse des résultats. La présente section décrira tous ces outils et la façon de les utiliser. Vous pouvez les utiliser séparément ou ensemble, selon l'aspect qui vous intéresse le plus. Vous vous poserez sans doute plusieurs questions: Les élèves seront-ils pleinement intéressés au travail de groupe? Dans quelle mesure vais-je être capable de bien jouer mon rôle? Les élèves seront-ils capables de coopérer? Quelle sera la performance des élèves de bas statut? Examinez les divers instruments d'évaluation et choisissez ceux qui répondent le mieux à vos préoccupations. Il est préférable de se concentrer sur quelques aspects importants plutôt que d'examiner superficiellement tous les aspects à la fois.

Le guide d'observation par un collègue

Supposons que vous ayez fait une partie de la planification initiale avec un collègue et que vous vous soyez arrangé pour qu'il visite votre classe le jour où vous commencez le travail de groupe. Vous avez discuté avec lui de vos buts, de vos problèmes et des élèves qui requièrent une attention spéciale. En conséquence, le plan d'évaluation est le produit d'une décision conjointe sur ce qui doit être observé.

L'observateur peut circuler dans la classe en regardant et en écoutant pendant que les élèves commencent à travailler dans leur groupe. Si vous indiquez à l'observateur les élèves qui vous préoccupent le plus, il peut observer attentivement leur comportement. Il peut s'agir d'élèves de bas statut, d'élèves qui maîtrisent mal la langue d'enseignement, d'élèves dominateurs ou d'élèves qui présentent habituellement des problèmes de comportement. L'observateur peut également vous regarder à l'œuvre. L'encadré 9.1 présente un exemple de guide d'observation. L'observateur peut prendre des notes en suivant ces directives. Elles lui fournissent des questions qu'il peut se poser. Pendant la séance de planification, vous devriez parcourir ce guide avec l'observateur et choisir les questions que vous voulez garder et ajouter celles qui manquent.

La partie A porte sur la séance d'orientation donnée par le personnel enseignant. Il est particulièrement important que l'observateur arrive à temps pour vous entendre pendant cette étape. De nombreux problèmes ont leur origine dans la confusion et la perte d'attention engendrées par un trop grand nombre de détails dans les instructions initiales.

La partie B dirige directement l'attention de l'observateur vers les groupes à l'œuvre. Observer toute la classe et compter le nombre d'élèves qui circulent et ne sont rattachés à aucun groupe, et le nombre d'élèves qui attendent pour parler au personnel enseignant est bonne procédure. L'observateur peut scruter la classe et déterminer combien de groupes travaillent à leur tâche comme ils devraient le faire (*questions 1 et* 2). Il peut ensuite circuler dans la classe en se tenant assez près de chaque groupe pour entendre ce qui se dit, mais assez loin toutefois pour que les élèves ne remarquent pas qu'ils sont observés. Il doit répondre aux questions 3 à 7, pour chaque groupe. Un plan de la classe où chaque groupe est numéroté permettra à l'observateur de partager avec l'enseignant ses remarques sur des groupes particuliers.

La partie C porte sur les élèves qui sont considérés comme problématiques dans le contexte du travail de groupe. Il est important de passer environ cinq minutes avec chacun de ces élèves en prenant des notes sur leur comportement.

La partie D porte sur l'enseignant. Les trois premières questions traitent de problèmes que vous rencontrez lorsque les élèves commencent le travail de groupe pour la première fois: «couver» les groupes d'une manière qui inhibe l'interaction; passer trop de temps à essayer de maintenir la concentration des élèves sur la tâche plutôt que de les laisser prendre cette responsabilité; passer trop de temps à essayer d'amener les élèves à terminer leur tâche plutôt que de les laisser s'entraider.

Même si vous réussissez à éviter ces problèmes, votre principal souci peut être la mise en œuvre des mécanismes permettant à chaque élève de terminer la tâche. Il est très difficile, surtout au début, de donner une bonne rétroaction aux groupes et de leur poser des questions stimulantes pour les encourager à réfléchir. Cette habileté ne vient qu'avec le temps et la pratique. Ne soyez pas déçu si vous n'êtes pas capable de jouer cette partie de votre rôle au début. Les deux dernières questions traitent de cet aspect. Soyez sûr que l'observateur passe suffisamment de temps à vous observer pour que vous obteniez un portrait juste de votre performance.

ENCADRÉ 9.1 Exemple de guide d'observation pour un collègue

A. L'ORIENTATION

1. Les instructions sont-elles claires?
2. L'enseignant utilise-t-il des moyens audiovisuels et une discussion ou seulement un cours magistral?
3. Les élèves sont-ils attentifs?
4. Le rôle de facilitateur et les autres rôles sont-ils clairement attribués? Les élèves savent-ils qui sont les facilitateurs et ce qu'ils doivent faire?
5. L'enseignant indique-t-il clairement que tous les membres du groupe peuvent demander de l'aide aux autres et que chacun a le devoir d'aider les autres?
6. Est-ce que l'attribution des groupes se fait vite et efficacement?
7. *Pour les tâches à habiletés multiples:* L'enseignant a-t-il mentionné explicitement les habiletés multiples de la tâche? Indique-t-il clairement que l'écriture et la lecture ne constituent que deux des habilités de la tâche. Indique-t-il clairement que chaque élève sera compétent dans au moins une des habiletés requises par la tâche?

B. LE TRAVAIL DES ÉLÈVES DANS LEUR GROUPE

Vue d'ensemble

1. Combien d'élèves se promènent sans arrêt sans participer à un groupe? Combien d'élèves restent inactifs et veulent parler à l'enseignant?

2. Combien de groupes sont intéressés à leur tâche? Y a-t-il des groupes où les élèves travaillent individuellement plutôt qu'ensemble?

Groupe par groupe

3. Les élèves sont-ils perplexes face à ce qu'ils ont à faire? Si oui, le groupe travaille-t-il à régler le problème?
4. *Pour les classes qui ont reçu une formation:* Faites une liste des normes de coopération incluses dans la formation. Voyez-vous des indices qui vous permettent d'affirmer que ces normes sont respectées? Voyez-vous des situations où les élèves ne réussissent pas à observer ces normes? Décrivez-les.
5. *Pour le travail de groupe avec des rôles spécifiques:* Faites une liste des rôles et des comportements attendus. Pouvez-vous voir ou entendre quelqu'un jouer l'un de ces rôles dans le groupe? Y a-t-il certains rôles qui ne sont pas joués? S'il y a un facilitateur, a-t-il tendance à dominer le groupe?
6. Voyez-vous des indices de conflit? Décrivez-les.
7. Y a-t-il un élève qui domine le groupe? Y a-t-il un élève qui ne s'exprime presque pas?

C. LES ÉLÈVES À OBSERVER

L'observateur, qui a déjà reçu la liste des élèves à observer spécialement, doit prendre des notes sur leur comportement.

1. Est-ce que les élèves faibles ont l'air de comprendre la tâche? Est-ce qu'ils reçoivent de l'aide s'ils ont des difficultés?
2. Les élèves de bas statut participent-ils? Qui les écoute? S'ils ont un rôle à jouer, l'exécutent-ils?

D. L'ENSEIGNEMENT

1. L'enseignant supervise-t-il les groupes de trop près? Les élèves peuvent-ils se débrouiller seuls?
2. L'enseignant passe-t-il la plus grande partie de son temps à ramener les élèves à la tâche?
3. L'enseignant passe-t-il la plus grande partie de son temps à essayer d'aider les élèves à faire leur travail?
4. Lorsqu'un élève ou un groupe a une question, l'enseignant tente-t-il d'amener le groupe à trouver la solution lui-même?

5. L'enseignant stimule-t-il la pensée créatrice des élèves par des réactions et des remarques propres à leur travail?

Après qu'un collègue a passé quelque temps à observer les groupes, les élèves et l'enseignant doivent se poser systématiquement les questions du présent guide et noter les réponses.

Le questionnaire pour les élèves

Si les élèves sont au moins en quatrième année, il est possible d'utiliser un questionnaire pour connaître leur opinion sur plusieurs points importants. Si les élèves ne lisent pas tous bien, lisez le questionnaire à haute voix. On trouvera un exemple de questionnaire pour les élèves à l'appendice B. Ces questions ont eu beaucoup de succès avec des enfants de neuf ans et plus. Les points vous permettent d'examiner le comportement des élèves de bas statut. En demandant aux participants de mettre leur nom sur le questionnaire, vous pouvez vérifier si les élèves problèmes ont répondu qu'ils participaient ou non. Vous pouvez également voir si les élèves de bas statut ont été choisis parmi ceux qui avaient les meilleures idées ou qui parlaient le plus dans le groupe. En général, il y aura une relation entre les réponses des élèves et la notation systématique de l'observateur. (*Voir la sous-section suivante.*)

Si vous avez utilisé une stratégie faisant appel à des habiletés multiples, les élèves devraient être capables non seulement de nommer les habiletés que vous avez introduites, outre la lecture et l'écriture, mais aussi d'énumérer les habiletés qu'ils pensent avoir bien maîtrisées.

On peut aussi vérifier le succès d'une formation à la coopération à l'aide d'un questionnaire distribué aux élèves. Signalent-ils qu'ils n'ont pas été suffisamment écoutés et qu'ils n'ont pas eu la chance de parler comme ils l'auraient souhaité? Ont-ils des problèmes à s'entendre avec le groupe? Seraient-ils prêts à travailler encore au sein de ce groupe? Vous pouvez choisir dans l'exemple de l'appendice B les questions qui vous préoccupent particulièrement ou en ajouter d'autres.

L'appendice B contient également un guide pour analyser les résultats du questionnaire distribué aux élèves. Ce guide est divisé selon les sortes de questions que l'enseignant se pose sur le travail de groupe. Nous suggérons des analyses de données qui permettent de trouver des éléments de réponse à chaque question.

La notation systématique

La notation systématique par un observateur constitue une solution de rechange à la méthode du questionnaire. Il est relativement facile d'obtenir une estimation du taux de participation de chaque élève. L'observateur peut passer quelque temps à répondre aux questions fournies dans le Guide d'observation, mais, pendant une période de 50 minutes, il pourra également faire de la notation systématique. De toute manière, il est important que vous prépariez tout et que vous fournissiez à l'observateur des instructions sur la procédure que vous voulez suivre.

Déterminez les élèves «cibles» que vous voulez qu'il observe. Il peut s'agir d'élèves de bas statut scolaire, d'élèves dominateurs, d'élèves issus des minorités ethniques qui ont très peu d'influence sur leurs camarades, d'élèves très passifs qui ne participent pas, d'élèves qui maîtrisent mal la langue d'enseignement, ou même d'élèves qui présentent des problèmes spéciaux de comportement. Ensuite, préparez une feuille de points, comme celle de la figure 9.1, où vous situez les divers groupes dans la classe et où chaque case représente un élève. Lorsque l'observateur est prêt à faire le pointage systématique de l'interaction, indiquez-lui la position de l'élève cible dans le groupe. Demandez-lui d'indiquer le nom de cet élève au-dessus de la case appropriée.

Dans une classe où il y cinq ou six groupes de quatre ou cinq élèves chacun, l'observateur devrait passer au moins cinq minutes à établir la notation de chaque groupe. L'observateur trace tout simplement une barre dans la case appropriée chaque fois qu'un élève fait une intervention reliée à la tâche. Cette intervention peut être aussi brève que «O.K.» ou elle peut durer plusieurs minutes. Une intervention se termine lorsque la personne s'arrête de parler ou s'engage dans une conversation sociale ou non reliée à la tâche, ou encore lorsqu'elle est interrompue par quelqu'un d'autre. Il est important de noter les contributions de l'élève cible. Des erreurs de notation se produisent parfois lorsque des élèves se déplacent dans le groupe ou quittent le groupe. Pour éviter que cela ne se produise avec l'élève cible, l'observateur doit noter qu'il se déplace ou qu'il cesse de participer.

FIGURE 9.1 Exemple de feuille de notation pour la participation

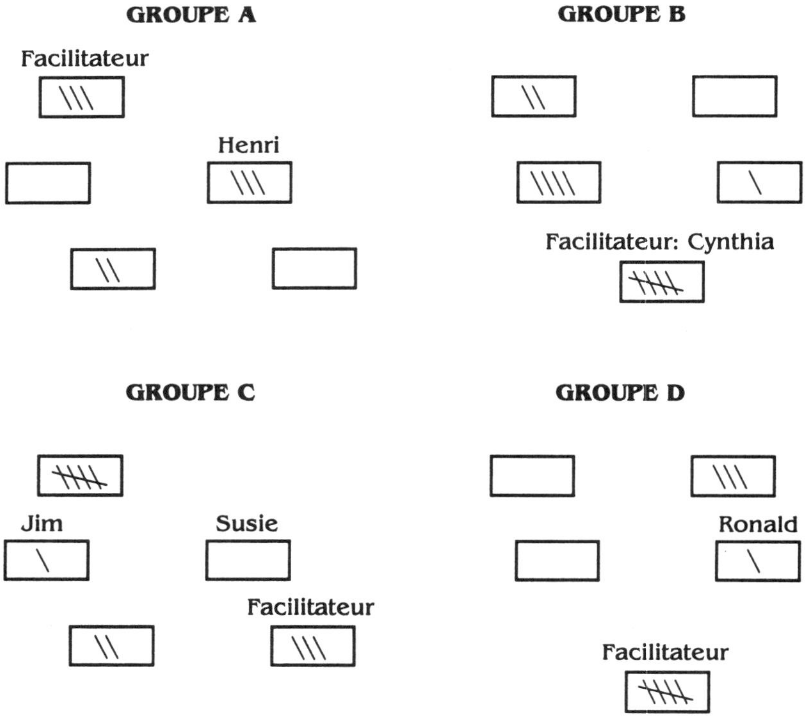

La compilation et l'analyse de ces données est très simple (*voir l'encadré 9.2*). Combien d'élèves cibles n'avez-vous jamais vus participer? Combien d'élèves n'avez-vous jamais vus participer dans toute la classe? Si les élèves cibles représentent plus que la moitié des non-participants, vous êtes en présence d'un problème de statut. On peut faire des calculs plus précis en comparant le pointage des élèves cibles à celui des autres membres de leur groupe. La façon la plus simple de procéder est de comparer le nombre moyen d'interventions des élèves cibles à celui des autres membres de leur groupe (*voir le second exemple de calcul de l'encadré 9.2*).

Comparez ensuite le score moyen de l'élève cible à celui de son groupe. Est-il au-dessous de la moyenne? Le score moyen de la plupart des élèves cibles est-il au-dessous de celui de leur groupe respectif? Si le travail de groupe a réussi à atténuer les effets des différences de statut, quelques élèves cibles devraient être en bas de la moyenne, quelques autres devraient se situer près de la moyenne et quelques autres devraient être au-dessus de la moyenne. Cette méthode de notation vous permet également de voir d'un seul coup d'œil si un membre du groupe est dominateur et parle beaucoup plus que les autres. Si vous craignez que vos facilitateurs ne parlent trop, demandez à l'observateur de noter leur score sur la feuille de pointage afin de pouvoir comparer leur taux d'intervention au taux moyen des autres membres du groupe.

ENCADRÉ 9.2 Exemple du calcul des points de participation

1. *Combien des non-participants (ceux qui n'ont pas parlé du tout) de la classe étaient des élèves de bas statut?*

Total des non-participants	6
Non-participants de bas statut	1
Pourcentage d'élèves de bas statut (*1/6* × *100)*	17 %

Conclusion: Très peu des non-participants étaient des élèves de bas statut.

2. *Comment le taux de participation des élèves cibles se compare-t-il au taux de participation moyen de leur groupe?* (L'exemple de calcul fourni correspond au groupe A de la figure 9.1.)

	Élèves cibles	Autres élèves
Nombre d'élèves	1	4
Nombre total d'interventions	3	5
Moyenne des interventions par les élèves	3	1,25

Conclusion: Henri a parlé, en moyenne, plus que ses coéquipiers.

Il faut être prudent dans l'interprétation des chiffres de chacun des élèves cibles, car il peut fort bien arriver que les cinq minutes pendant lesquelles le groupe a été observé ne soient pas représentatives de la structure d'interaction du groupe. Cette méthode a l'avantage d'être objective, mais elle a l'inconvénient de ne permettre de tirer que des conclusions limitées. Le questionnaire a l'avantage d'offrir la possibilité de toute une série d'inférences, mais il a l'inconvénient de donner des réponses subjectives.

L'AMÉLIORATION DU TRAVAIL DE GROUPE

Aprè une session de travail de groupe, fixez la date d'une réunion avec votre partenaire. Après vous être félicités de la bonne marche de l'activité, examinez les problèmes qui ont été relevés. Ils constitueront les points de l'ordre du jour de votre réunion et vous devriez prendre le temps de réfléchir immédiatement aux solutions possibles. Si le travail de groupe est en cours, vous pouvez tout de suite mettre en pratique certaines de ces solutions. Prenez comme point de départ les questions que vous avez relevées lors de la réunion de planification de l'évaluation. Par exemple, si vous vous interrogez sur la clarté de vos instructions, vérifiez toutes les données que vous possédez sur ce point. Réunissez toutes les informations sur l'évaluation, les données systématiques et vos propres observations, et venez-en à quelques conclusions sur la façon d'améliorer la prochaine session de travail de groupe. Il est très important de travailler d'une manière systématique. Votre réunion sera beaucoup plus productive si vous prenez vraiment des décisions à la lumière de ce que vous avez appris. Qu'est-ce qui a très bien fonctionné et peut rester tel quel? Qu'est-ce qui a besoin de changement et quel est votre avis et celui de votre partenaire sur les modifications à apporter? Notez ces décisions et classez-les avec vos plans d'instructions pour la tâche de travail de groupe, sinon vous oublierez ce que vous avez appris et vous vous contenterez d'un jugement global vague sur la façon dont l'activité a marché. Il n'est pas facile de bien s'observer lorsqu'on entreprend une tâche aussi complexe que l'introduction et la direction du travail de groupe. De plus, pourquoi effectuer une évaluation systématique si l'on n'utilise pas les données recueillies pour guider ses décisions?

Que faire si, à la suite d'une analyse du statut des élèves, vous constatez que vous avez un problème de statut très marqué, certains élèves faisant la plus grande partie du travail tandis que d'autres n'apportent qu'une très faible contribution au groupe? Retournez au chapitre 8 et voyez si vous ne pouvez pas introduire certaines techniques pour corriger cette situation. Peut-être devriez-vous passer plus de temps à présenter les habiletés multiples. Peut-être devriez-vous observer les élèves de bas statut pendant le travail de groupe et trouver une manière de reconnaître la contribution spécifique que chacun d'entre eux apporte au groupe. Peut-être devriez-vous introduire un facilitateur pour vous assurer de la participation de chacun; si les élèves de bas statut sont encouragés à jouer ce rôle, cela peut contribuer à renforcer les attentes de compétence à leur égard, ce dont ils ont grand besoin.

L'enseignant ne peut devenir un observateur à temps plein. Il est évident qu'il doit choisir une méthode pratique d'évaluation. On recommande de n'essayer qu'une à la fois les techniques décrites dans le présent chapitre. Au fur et à mesure que vous prendrez de l'assurance, il vous faudra moins de temps pour analyser les données. Prenez soin d'utiliser les mêmes instruments que la première fois lorsque vous tentez de remédier à un problème relevé lors d'une première évaluation et que vous voulez vérifier si les choses se sont améliorées. Lorsque vous avez expérimenté les nouvelles solutions et que vous les avez évaluées, vous aurez mis au point un programme de travail de groupe qui pourra être réutilisé par vous ou par vos collègues. Vous serez surpris de constater qu'une stratégie pédagogique bien conçue et bien testée peut fonctionner dans une grande variété de classes; année après année, les élèves réagiront à l'activité avec enthousiasme.

10 Travailler en groupe dans une classe bilingue

Lorsque des enseignants soucieux de la réussite de leurs élèves se retrouvent devant une classe bilingue ou une classe d'anglais langue seconde, ils doivent faire face à une situation extrêmement complexe sur les plans linguistique, scolaire et culturel. En plus de tout mettre en œuvre pour aider les enfants à comprendre ce qu'ils doivent faire dans chacune des tâches qui leur sont assignées, il faut chercher à améliorer leur capacité en anglais et souvent combler des manques dans des habiletés fondamentales. En outre, il y a tellement de différences dans les explications dont chaque élève a besoin pour comprendre les instructions et pour progresser normalement que les méthodes traditionnelles de regroupement selon l'habileté ne permettent pas vraiment de simplifier la situation. Si les élèves sont regroupés selon leur degré de maîtrise de l'anglais (comme le recommande le gouvernement fédéral), que fait-on des différences dans la maîtrise des matières scolaires? Et si on les regroupe selon leur force dans les matières scolaires, comment peut-on s'assurer que tous ont compris la langue d'enseignement?

Je ne suis pas une spécialiste de l'éducation bilingue, mais, dans les 14 dernières années, j'ai travaillé avec des enseignants de l'élémentaire pour qui la question de la langue était au centre des préoccupations. J'ai découvert très vite qu'il n'est pas possible de classifier les enfants en trois catégories nettement définies (hispanophones, anglophones et bilingues). On trouve très souvent des enfants qui ne maîtrisent ni l'anglais ni l'espagnol et dont on ne connaît pas très bien le statut linguistique.

De plus, les questions de classe sociale et de culture sont totalement imbriquées dans la question de la langue. Certains des élèves qui possèdent une maîtrise limitée ou minimale de l'anglais et de l'espagnol proviennent de milieux économiques très pauvres; ils arrivent à l'école avec les atouts de leur propre culture, mais privés de plusieurs des expériences préscolaires qui préparent les élèves à suivre les programmes scolaires normaux. Certains élèves, qui ne sont jamais allés à l'école et parmi lesquels on rencontre souvent de nouveaux immigrants de huit ou neuf ans, proviennent également de familles à faible revenu.

Dans plusieurs classes bilingues de troisième, quatrième et cinquième année, on trouve des enfants pouvant à peine lire et écrire dans leur langue maternelle ou dans la langue d'enseignement; certains de ces élèves ont commencé l'école avec une connaissance limitée de l'anglais. Ils devaient étudier dans une langue qu'ils ne pouvaient pas comprendre; en conséquence, leurs progrès scolaires ont été faibles. En ce qui concerne les élèves qui maîtrisent bien l'espagnol mais qui comprennent mal l'anglais, il est évident que leurs progrès scolaires sont liés à l'apprentissage dans la langue maternelle des habiletés fondamentales. Plusieurs des classes dans lesquelles j'ai travaillé avaient des enseignants bilingues qui utilisaient du matériel didactique rédigé dans les deux langues. Dans un tel contexte, les élèves ont l'avantage inestimable d'avoir accès à la langue d'enseignement.

La scène se complique encore davantage si l'on est en présence d'autres langues étrangères. Avec la nouvelle vague d'immigration asiatique, plusieurs langues, comme le laotien et divers dialectes vietnamiens, sont apparues dans l'école. Il est souvent impossible de trouver dans la classe un autre élève, un enseignant ou un assistant qui connaisse la langue du nouveau venu. Ces enfants sont généralement placés dans des classes d'anglais langue seconde où la priorité est l'apprentissage rapide de l'anglais et où les autres matières scolaires sont parfois négligées.

Le plus souvent, les principaux objectifs, dans les classes bilingues et dans les classes d'enseignement de l'anglais langue seconde, sont d'accroître la connaissance de l'anglais et la maîtrise des connaissances de base du niveau scolaire correspondant à l'âge de l'élève. On émet souvent le postulat erroné selon lequel la maîtrise de l'anglais est un préalable à l'enseignement des connaissances de base (Cummins, 1979). L'enseignement de l'anglais s'accompagne souvent d'un abaissement des exigences dans l'enseignement des connaissances de base. En conséquence, l'élève qui apprend une nouvelle langue prend du retard dans les matières scolaires.

Le travail de groupe est un instrument très efficace qui permet de maîtriser simultanément l'anglais et les connaissances de base. Il peut en même temps être utilisé pour permettre aux enseignants de rendre accessible l'apprentissage d'habiletés intellectuelles de haut niveau. Le présent chapitre traitera d'abord de la compétence en expression orale, pour passer ensuite à la difficulté de respecter le programme scolaire dans une classe hétérogène sur les plans linguistique et scolaire. Dans la dernière section, nous allons illustrer la façon dont le travail de groupe peut être utilisé pour améliorer les résultats scolaires en le combinant avec une approche bilingue conçue pour développer les habiletés intellectuelles.

LA COMPÉTENCE EN EXPRESSION ORALE

Dans une analyse des publications sur l'acquisition d'une langue seconde chez les enfants, McLaughlin (1985) a constaté que l'apprentissage de la langue seconde est accéléré lorsque les élèves ont une interaction significative avec des personnes dont cette langue est la langue maternelle. L'idée de l'importance de contacts avec des locuteurs de langue maternelle n'est pas nouvelle en pédagogie de la langue. Toutefois, la pratique courante ne favorise pas l'interaction entre les élèves anglophones et ceux qui ont une maîtrise limitée de cette langue. Les élèves qui ont une faible maîtrise de l'anglais sont souvent retirés des classes régulières et placés dans des classes spéciales bilingues ou d'anglais langue seconde. Il est sûr que dans cette situation, où ils sont isolés et stigmatisés, ils ont peu de chance d'avoir des relations significatives entre pairs avec des camarades de classe dont l'anglais est la langue maternelle. D'autre part, dans les classes où ils se retrouvent avec des anglophones, même quand on utilise l'apprentissage coopératif, on voit souvent les hispanophones formant leur propre petit groupe.

On trouve aujourd'hui un nombre croissant de programmes bilingues d'immersion totale (Lindholm et Aclan, 1991) qui démontrent que tous les élèves peuvent devenir bilingues lorsque l'enseignement est donné dans les deux langues et quand les enseignants font un usage fréquent des groupes bilingues dans l'apprentissage coopératif. De plus, ces élèves ont de bons résultats lorsqu'on les évalue avec des tests standardisés en anglais *et* en espagnol.

Krashen (1988) soutient que celui qui apprend dans une langue seconde doit recevoir un «message compréhensible», c'est-à-dire un niveau de langage qui dépasse légèrement celui qu'il maîtrise bien. La simple immersion dans un groupe anglophone ne procure pas automatiquement des messages compréhensibles, si l'enfant n'est pas prêt pour l'expérience. De plus, le message compréhensible doit être transmis dans un contexte qui ne génère pas l'anxiété chez l'enfant dont la maîtrise de l'anglais est limitée. Krashen décrit plusieurs façons d'organiser la classe et la cour de récréation pour que ces élèves reçoivent des message compréhensibles. Par exemple, dans des situations de travail de groupe qui fournissent des indices non verbaux et un contexte pour du matériel à manipuler ou pour des charades, l'interaction avec les pairs peut être une façon très efficace de transmettre des messages compréhensibles, tout en permettant l'apprentissage des matières scolaires.

Selon Faltis et Merino (1992), l'élève apprend, parle et écoute grâce à des interactions où il est nécessaire de communiquer. Si l'enseignant est un communicateur expérimenté, il donne des directives claires pour les tâches à accomplir en classe, il structure ces tâches de manière à ce qu'elles exigent la participation et il utilise un matériel scolaire qui incite les élèves à participer de façon significative. Il transmet ainsi un message compréhensible dans un climat intéressant et non menaçant qui favorise l'apprentissage de la langue seconde, dans des conditions similaires à celles de l'acquisition de la langue maternelle.

La langue d'enseignement est d'une importance cruciale, surtout quand les enfants ont une maîtrise limitée de l'anglais. Les activités scolaires qui exigent l'interaction pour apprendre un contenu sont préférables à l'enseignement direct de la langue (Cazden, 1988).

Ces recommandations sont très similaires à celles que j'ai énoncées pour les «tâches complexes de travail de groupe». Si l'on a préparé les élèves au travail de groupe et si l'on a organisé les activités de manière à s'assurer de la participation de tous, on a réuni les conditions optimales recommandées par les experts.

Le travail de groupe et l'expression orale

Une enseignante de maternelle qui participait à une recherche dans sa propre classe, dans le cadre du Teacher Investigator Project*, fut surprise de voir à quel point il était facile d'intégrer le travail de groupe dans son enseignement.

* Le Teacher Investigator Project a été financé par l'Anglo American Education Fund et a été réalisé sous les auspices de la Stanford University School of Education.

Ce fut si simple! Nous n'aurions jamais cru que ce serait si facile. Nous pensions que ce serait une chose terrible, difficile, compliquée, et, en réalité, cela ne fut pas difficile du tout. On peut adapter une multitude de tâches à ce type de pédagogie. Par exemple, vous pouvez intégrer des travaux quotidiens comme la lecture et les mathématiques. Cela n'a pas besoin d'être quelque chose que vous tirez d'un livre sur le développement du langage oral. Lorsque les élèves ont appris à être indépendants, vous pouvez adapter des choses tirées des manuels.

La classe de cette enseignante présentait des problèmes typiques de différences dans la capacité d'expression orale. Beaucoup d'élèves de cette école entrent à la maternelle en n'ayant qu'un vocabulaire limité. De plus, ce vocabulaire limité peut être divisé entre deux langues. Certains élèves, connaissant peu l'anglais, refusent tout simplement de parler en classe. Voici comment on a décrit un de ces élèves: «Lorsqu'il est venu pour la première fois, il se contentait de sourire si vous lui demandiez son nom.» D'autres élèves de la même classe avaient une bonne maîtrise soit de l'espagnol, soit de l'anglais.

Le défi pour l'enseignante était d'amener ces élèves à parler. Fallait-il tenter de leur enseigner plus d'anglais en présentant des activités engageant toute la classe, comme des exercices et des sessions de répétition, ou en faisant la lecture à haute voix? Et que faire de ceux qui ont une bonne maîtrise de l'anglais pendant que l'on travaille avec ceux qui ne l'ont pas?

En collaboration avec l'enseignante en lecture, cette enseignante a découvert que les élèves de la maternelle étaient capables de participer à plusieurs activités qui généraient des discussions animées, pourvu qu'on leur donne une formation préparatoire à des activités comme les «cercles brisés», conçues pour les aider à travailler en groupe. Par exemple, on a donné à chaque groupe une fiche sur laquelle était inscrit un mot nouveau et on a demandé au groupe de composer une charade illustrant ce mot pour que les autres groupes puissent le deviner. Dans cette activité, les élèves compétents en anglais agirent comme une ressource importante pour le groupe et expliquèrent le mot à ceux qui ne le comprenaient pas. Mais tous les élèves avaient des idées sur la façon de bâtir la charade. Dans une autre activité, l'enseignante en lecture arriva en classe avec des oreilles et des nez de cochon en papier pour chacun des groupes. Ils devaient jouer l'histoire des trois petits cochons. D'après le compte rendu de l'enseignante, les élèves ont développé de nombreuses adaptations de l'histoire originale, ce qui a suscité l'enthousiasme de la classe et un maximum de communication. Cette enseignante a même découvert que des tâches simples exigeant une mémoire visuelle pouvaient être adaptées pour la discussion de groupe. Elle a fourni à la classe le dessin détaillé d'un éléphant, puis un autre où il manquait plusieurs détails. Chaque élève devait remplir la version incomplète, mais ils s'entraidaient pour les détails. On entendait des phrases comme «Pedro, tu as oublié les yeux». En moins d'une année, il devint relativement facile pour cette enseignante d'avoir chaque jour une ou deux activités visant à développer la capacité d'expression orale. Fait très intéressant, en comparant les enregistrements des discussions des enfants avant et après ces expériences, les deux enseignantes ont constaté avec plaisir que la volonté et la capacité de parler de presque tous les enfants s'étaient considérablement accrues.

La composition des groupes et l'expression orale

Si la tâche comporte beaucoup de références au contexte, de représentations pictographiques et de manipulations, il est possible de placer dans le même groupe des élèves qui ne partagent pas une langue commune. Cette expérience constitue un défi pour le nouveau venu, mais, si le groupe a reçu une formation et si chacun s'assure que tous reçoivent l'aide dont ils ont besoin, les enfants feront un travail de communication remarquable.

Lorsque c'est possible, il est préférable d'avoir des groupes linguistiquement mixtes, sinon les élèves n'auront pas le bénéfice d'entendre des pairs compétents en anglais. Lorsqu'un enfant espagnol ou d'une autre langue est unilingue, il faut le placer avec des anglophones et avec un élève bilingue. Il faut indiquer à l'élève bilingue qu'il représente un précieux pont pour le groupe, car il expliquera aux élèves unilingues ce que disent les autres et il fournira une aide spéciale aux élèves qui ne parlent pas l'anglais. Neves (1983) a trouvé que, dans les classes où deux langues étaient utilisées par les enseignants et les élèves, les enfants bilingues avaient, dans l'ensemble, le statut social le plus élevé; dans les mesures sociométriques, c'étaient eux qui étaient choisis le plus souvent comme amis et comme compétents en mathématiques et en sciences. Au fur et à mesure que l'année avance, dans les classes bilingues, de plus en plus d'enfants arrivent à comprendre l'autre langue, même s'ils ne la parlent que très peu. Les membres de mon équipe de recherche ont souvent observé des conversations entre des élèves hispanophones et anglophones: chacun s'adresse à l'autre dans sa propre langue, mais comprend, de toute évidence, ce que dit l'autre. Dans une classe bilingue composée d'anglophones et d'hispanophones, les élèves parleront parfois anglais, parfois espagnol. Nos études démontrent qu'il n'est pas nécessaire d'imposer aux élèves l'usage de l'anglais seulement. Dans ce type de classe, les hispanophones progresseront de toute façon en anglais. Si le groupe comprend des anglophones unilingues, les normes de la coopération inciteront les autres à s'assurer qu'ils ont compris ce que l'on dit. De même, les hispanophones ne se sentiront pas exclus dans un groupe majoritairement anglophone.

LES NIVEAUX SCOLAIRES ET LA CLASSE HÉTÉROGÈNE

Très souvent, les élèves qui arrivent à l'école en ne possédant qu'une maîtrise limitée de l'anglais sont capables de fonctionner en anglais en classe dès qu'ils atteignent la quatrième ou la cinquième année. Toutefois, pendant qu'ils consacraient toutes leurs énergies à apprendre la langue, ils ont négligé l'apprentissage d'habiletés fondamentales et ils ont pris du retard scolaire. Le problème le plus pressant des enseignants est la nécessité de remédier à ces lacunes au fur et à mesure que l'élève progresse dans le programme scolaire.

Une fois que les élèves ont été préparés au travail de groupe, on peut adapter les tâches scolaires exigées par le programme, tâches qui supposent la maîtrise de nombreuses habiletés fondamentales, au travail de groupe. Les élèves plus avancés peuvent aider les moins forts. Les élèves bilingues peuvent aider ceux qui ne comprennent pas le texte anglais. À partir de la quatrième année, les nouveaux immigrants peuvent ainsi recevoir une aide de qualité, car il y a beaucoup d'élèves parfaitement bilingues. L'efficacité de l'enseignant est multipliée, grâce aux nombreux «assistants» qui peuvent s'assurer que chacun comprend les instructions et les tâches à accomplir.

Deux enseignantes de quatrième et de cinquième année, avec qui j'ai travaillé, ont découvert que les élèves pouvaient apprendre la grammaire espagnole et anglaise, et maîtriser des habiletés de compréhension de textes d'un très haut niveau s'ils sont préparés à la coopération et divisés en groupes hétérogènes. L'enseignante de cinquième année a rapporté que les élèves étaient capables de travailler avec des manuels de sciences de huitième et de neuvième année. Elle a demandé à ses groupes d'expliquer plusieurs phrases chaque fois qu'ils avaient terminé la lecture de deux pages. Ils devaient reconnaître la phrase principale de chaque paragraphe et souligner les concepts centraux. Ils utilisaient ces concepts clés pour constituer leur propre table des matières pour leur version des manuels. Le groupe avait trois mois pour réaliser cette tâche. D'après son rapport, le travail remis prouvait que le groupe avait fait preuve d'une excellente compréhension. Les élèves s'entraidaient pour la lecture et discutaient ensemble sur la façon de terminer la tâche. Ils jouaient les rôles de lecteur, de secrétaire et de facilitateur. C'est là un excellent exemple de la façon dont le travail de groupe peut permettre à l'enseignant d'une classe hétérogène de dispenser un enseignement du plus haut niveau sans se limiter à ce que les élèves les plus faibles ou même les élèves moyens soient capables de comprendre.

L'APPROCHE *FINDING OUT/DESCUBRIMIENTO*

Finding Out/Descubrimiento (De Avila et Duncan, 1980) est un ensemble de fiches d'activité et de fiches de travail conçues pour développer les habiletés intellectuelles de la deuxième à la cinquième année. Tout le matériel d'apprentissage est présenté en espagnol, en anglais et en représentations pictographiques. Le Program for Complex Instruction de la Stanford University a développé un système de gestion de la classe qui est utilisé en conjonction avec ce matériel (Navarrete *et al.*, 1985). J'ai déjà décrit dans les chapitres précédents quelques-uns des traits principaux de l'apprentissage coopératif développé à Stanford pour cette approche pédagogique. Le chapitre 4 décrit les techniques coopératives utilisées pour préparer des groupes hétérogènes à travailler dans les centres d'apprentissage. Chaque enfant est responsable de terminer la tâche et la fiche de travail, mais le groupe a la responsabilité de voir à ce que chacun reçoive l'aide dont il a besoin. Le chapitre 6 décrit les rôles joués par le facilitateur, le vérificateur et le rapporteur qui assument une partie du travail de l'enseignant et veillent à ce que personne ne soit dépassé et à ce que les élèves ne se désintéressent pas de la tâche.

Dans ce chapitre, je voudrais montrer comment l'approche *Finding Out* et les stratégies de l'instruction complexe contribuent à la maîtrise de l'expression orale, grâce à l'acquisition d'habiletés fondamentales, à la correction des lacunes et à l'apprentissage de concepts mathématiques correspondant au niveau scolaire des élèves. Cependant, les gains remarquables que nous avons observés avec l'approche *Finding Out* se produisent *seulement* lorsque les enseignants et les élèves sont adéquatement préparés à ce système de gestion de classe; ils doivent avoir reçu une formation complète à la coopération, à l'attribution aux élèves de rôles multiples dans les centres d'apprentissage et à la délégation de l'autorité par l'enseignant. Le matériel pédagogique est merveilleusement bien conçu, mais il ne fonctionne pas par magie. Nombre d'enfants ne comprendront pas ce qu'il faut faire avec ce matériel à moins de pouvoir se consulter mutuellement et d'avoir appris à résoudre les problèmes en groupe.

Le matériel et la gestion

Les activités de *Finding Out* font appel à des concepts de sciences et de mathématiques pour développer les habiletés intellectuelles. Il y a deux fiches d'activités à chaque centre d'apprentissage, une en anglais et l'autre en espagnol. Ces fiches expliquent ce qu'est l'activité et posent quelques questions clés. Les fiches contiennent plusieurs termes difficiles comme «périmètre», «latitude» ou «hexagone». Ces mots dépassent évidemment le niveau de lecture de la plupart des élèves de deuxième et troisième année, dont beaucoup ne peuvent même pas lire et écrire au début de l'année scolaire. Les fiches contiennent des représentations pictographiques indiquant la nature de l'activité. Il y a également des fiches de travail en espagnol et en anglais pour chaque élève du centre d'apprentissage. Elles demandent souvent de décrire ce qui s'est passé. Elles posent aussi la question suivante: «Pourquoi pensez-vous que cela est arrivé?» Elles peuvent demander d'estimer la grosseur d'une chose. L'enfant doit ensuite noter les mesures qu'il prend lui-même et la différence entre ses résultats et son estimation. Les fiches de travail exigent ainsi un haut niveau d'inférence et des habiletés comme la lecture, l'expression écrite et le calcul.

Plusieurs activités intellectuelles telles que la prise de mesures, l'expérimentation, la construction, l'estimation, l'établissement d'hypothèses, l'analyse, etc., permettent à l'enfant d'acquérir des stratégies pour la résolution de problèmes. Les activités de *Finding Out* comportent toujours du matériel manipulable intéressant. Elles ont été développées en tenant compte du fait que l'enfant ne possède pas un ensemble varié d'expériences préscolaires pertinentes pour les mathématiques et les sciences.

Des concepts clés, comme les coordonnées cartésiennes, ont été intégrés dans les activités. L'enfant va rencontrer ces coordonnées sous différentes formes et à différents centres d'apprentissage. Par exemple, à l'un des centres, les élèves situent leur maison sur une carte en utilisant des coordonnées. À un autre, ils travaillent avec la longitude et la latitude sur un globe terrestre. Après avoir utilisé ces idées abstraites plusieurs fois dans des médias différents, l'enfant en acquiert une maîtrise fondamentale qui sera transférable, si bien qu'il pourra les reconnaître dans de nouveaux contextes, y compris dans les tests de performance.

Le groupe a plusieurs fonctions dans ce contexte. En premier lieu, il est essentiel de s'assurer que tous les élèves participent à la tâche. Plusieurs élèves seront incapables de bénéficier de l'activité à moins de recevoir de l'aide pour lire la fiche. Cependant, d'autres élèves, parfaitement capables de lire, peuvent avoir de la difficulté à équilibrer une balance à fléau ou à enrouler les fils sur les bobines dans l'unité sur l'électromagnétisme. Chacun des élèves est censé faire appel à l'assistance des autres; ils ont participé à des exercices coopératifs conçus spécialement pour leur permettre d'intérioriser ce comportement et pour les inciter à aider les autres, sans toutefois faire le travail à leur place (*voir le chapitre* 4). On enseigne à celui qui joue le rôle de facilitateur à s'assurer que chacun trouve l'aide dont il a besoin. La coopération et les divers rôles assignés aux élèves permettent à chaque personne de bénéficier de l'activité.

Fournir un forum où il est possible de partager ses idées sur ce qu'il faut faire et de discuter des bonnes réponses est une deuxième fonction du groupe. Les instructions des fiches d'activité laissent une bonne marge d'incertitude dans plusieurs tâches. Les membres du groupe doivent utiliser le tâtonnement, partager leurs résultats et les discuter. De nouveau, des exercices spéciaux ont permis aux enfants d'apprendre à fournir des explications aux autres et à leur montrer comment les choses fonctionnent (*voir le chapitre* 4).

S'occuper des enfants qui ont tendance à devenir frustrés ou qui manquent d'intérêt est une troisième fonction du groupe. Ainsi, l'enseignant, qui devait se rendre à plusieurs centres d'apprentissage pour aider les enfants qui se désintéressaient de la tâche, est remplacé par le groupe, qui fonctionne de manière à assurer la participation de chacun. Le groupe ne peut se rendre à un autre centre d'apprentissage avant d'avoir terminé la tâche.

Remédier au problème de la différence de langue est une quatrième fonction du groupe. L'enfant bilingue explique ce que disent les autres à l'hispanophone unilingue. Les hispanophones peuvent ainsi apporter leur contribution au groupe. L'enfant qui ne maîtrise pas bien l'anglais est exposé à une expérience de langage bénéfique lorsqu'il utilise le vocabulaire de la fiche d'activité dans une situation où tous les indices non verbaux nécessaires à la compréhension lui sont fournis. De même, les anglophones s'enrichissent grâce aux hispanophones. L'enseignant n'a pas à tout expliquer en anglais et en espagnol, car les fiches d'activité, le matériel manipulable et les ressources linguistiques du groupe donnent l'information nécessaire. L'enfant reçoit ainsi simultanément un enseignement de la langue et des matières scolaires (Brinton, Snow et Wesche, 1990).

Avec *Finding Out*, au début de chaque session, l'enseignant donne une brève orientation, en expliquant les concepts de l'un des centres d'apprentissage les plus difficiles dans l'unité. Il peut s'agir d'une démonstration avec du matériel audiovisuel comportant une discussion avec les élèves. L'enseignant devrait inclure un exposé sur les habiletés multiples, en discutant des divers types d'habiletés intellectuelles requises pour accomplir les tâches. Comme nous le conseillons au chapitre 8, l'enseignant doit rappeler que personne ne sera excellent dans toutes les habiletés, mais que tous seront compétents dans l'une ou l'autre. Il peut aussi parler du système de gestion de la classe, en soulignant les normes de coopération ou en indiquant pourquoi il est important que tel rôle soit joué.

Pendant que les élèves travaillent aux centres d'apprentissage, l'équipe d'enseignement (parfois un enseignant et un assistant, parfois deux enseignants accrédités) circule dans la classe, en prenant soin de ne pas interférer dans les échanges et les démarches des élèves. Seul le facilitateur peut être envoyé à l'enseignant pour poser des questions, et même alors, celui-ci doit demander au groupe de vérifier s'il n'y a vraiment personne parmi eux en mesure de fournir la réponse. Avec ce système de gestion, l'enseignant n'a pas à passer la plus grande partie de son temps à surveiller la concentration des élèves et à vérifier s'ils ont tous compris les instructions. Plutôt que d'être partout en même temps et de faire de la supervision directe, l'enseignant peut devenir un superviseur qui appuie les élèves dans leur travail. Il pose des questions qui font appel à des habiletés intellectuelles de haut niveau, il stimule la pensée créatrice, il suggère des prolongements aux activités et il donne une rétroaction spécifique aux groupes et aux individus. Les enseignants doivent être à l'affût des manifestations de certaines habiletés intellectuelles comme le raisonnement, la capacité de visualiser et la précision, spécialement chez les enfants de bas statut. Si l'enseignant observe un enfant de bas statut en train de bien utiliser des habiletés multiples, il doit prendre le temps d'attribuer une compétence à cet élève; il doit préciser devant tous ce qu'il a observé, afin que l'élève et le groupe sachent ce qu'il a fait de bien.

À la fin de chaque session, il y a un retour sur l'activité. Le rapporteur de chaque centre d'apprentissage peut partager avec le reste de la classe ce que le groupe a découvert. Un élève de bas statut peut démontrer devant tous ce qu'il a fait au centre d'apprentissage. L'enseignant peut signaler des difficultés que rencontrent des groupes à l'un ou l'autre des centres d'apprentissage. À ce moment, l'enseignant peut expliquer un concept scientifique ou discuter de la façon dont fonctionnent la coopération et les rôles.

Les élèves participent à des activités de coopération approximativement une heure par jour, quatre jours par semaine. Ils doivent lire et écrire souvent, dans un contexte très pertinent et intéressant. Même s'ils acceptent parfois de l'aide, ils veulent rédiger eux-mêmes leur fiche de travail. Par exemple, lorsque les enfants voient ce qui arrive à un grain de maïs qu'on fait chauffer dans une éprouvette sur un brûleur Bunsen, ils veulent écrire leurs propres explications scientifiques du phénomène. En étant ainsi exposés à des concepts, des activités et du matériel, ils développent des stratégies de haut niveau pour la résolution de problèmes; c'est là une opportunité que peu de jeunes des écoles bilingues ont, parce que tout le monde est uniquement préoccupé de leur faible maîtrise de l'anglais.

Les résultats d'examens

Lancé en 1979, le Program for Complex Instruction a recueilli des données sur les résultats scolaires des élèves utilisant l'approche *Finding Out*. Les résultats de tests réalisés à l'automne et au printemps (au début et à la fin de l'expérience) ont été comparés à ceux d'une population représentative de la norme nationale. Les enfants provenaient surtout de la classe ouvrière; beaucoup d'entre eux fréquentaient des écoles majoritairement hispaniques de différents districts de la région de San Francisco, en Californie.

En 1979, 253 élèves de neuf classes de San José passèrent le Language Assessment Scales (De Avila et Duncan, 1977) au début et à la fin de l'année. Ce test mesure la maîtrise de l'anglais et de l'espagnol et est largement utilisé aux États-Unis. Les résultats montrèrent des progrès significatifs dans la maîtrise de l'expression orale en anglais chez des élèves qui avaient commencé l'année avec une maîtrise limitée ou minimale de cette langue. Ceux qui avaient fait le plus de progrès étaient ceux dont les résultats initiaux étaient les plus faibles à la fois en anglais et en espagnol (De Avila, 1981). Neves (1983) observa un groupe spécial d'enfants qui maîtrisaient peu ou prou la langue; elle a trouvé que les enfants espagnols unilingues qui discutaient le plus sur la tâche à accomplir étaient ceux qui avaient fait le plus de progrès en anglais. Ce progrès était d'autant plus remarquable que ces élèves s'exprimaient la plupart du temps en espagnol, mais il faut se rappeler qu'ils travaillaient dans des groupes hétérogènes où l'on parlait anglais.

Pendant les trois années où nous avons recueilli des données avec le Comprehensive Test of Basic Skills (CTBS, 1981), nous avons noté des progrès significatifs dans les sous-tests de langue, d'art, de lecture et de mathématiques. En 1983-1984, nous avons employé le sous-test de sciences CTBS pour la première fois, et, là encore, nous avons observé des progrès significatifs. Nous nous sommes aussi rendu compte que, dans chacun des sous-tests, des élèves utilisant l'approche *Finding Out* étaient supérieurs à ceux de la population représentative de la norme nationale. Les progrès réalisés en une année dans les sous-tests sur les concepts mathématiques et leur application, sur les calculs mathématiques et sur la compréhension en lecture ont été particulièrement frappants.

Tout aussi importantes que ces performances réalisées dans plusieurs matières scolaires sont les recherches démontrant que ces progrès étaient liés à des expériences précises en classe. Par exemple, lorsque nous visitions une classe, nous comptions systématiquement le nombre d'enfants qui étaient en train de parler ou de manipuler le matériel; nous avons ensuite constaté que les progrès des enfants dans les sous-tests sur les concepts mathématiques et leurs applications étaient proportionnels au nombre d'élèves engagés dans de telles activités (Cohen, Lotan et Leechor, 1989). En d'autres termes, les élèves dont les enseignants avaient créé une situation qui leur fournissait plus d'occasions de parler et de travailler ensemble ont eu une meilleure moyenne sur les tests de mathématiques portant sur les concepts et la résolution de problèmes. Le travail de groupe est le cadre idéal pour favoriser la maîtrise de concepts abstraits.

Pour maximiser la quantité d'échanges et de travaux de groupe, il faut que l'enseignant délègue l'autorité. Nous avons observé que les enseignants qui essayaient d'aider les enfants à réaliser leurs tâches, qui leur donnaient des instructions directes, qui leur posaient beaucoup de questions et qui veillaient à la discipline étaient ceux dont les élèves parlaient et travaillaient le moins ensemble aux centres d'apprentissage (Cohen, Lotan et Leechor, 1989). Les enseignants qui avaient bien formé les élèves et qui en avaient chargé quelques-uns de s'occuper des autres et de les aider à terminer la tâche n'avaient pas besoin d'aller d'un groupe à l'autre pour que le travail se fasse. Ceux qui formaient beaucoup de petits groupes n'avaient pas besoin d'aller sans cesse d'un groupe à l'autre pour donner de l'aide; les élèves étaient capables de mieux s'organiser eux-mêmes. Parce que l'enseignant n'avait pas à faire de la supervision directe, il y avait plus d'interaction et donc plus d'apprentissage dans leurs classes.

Comment expliquer les progrès dans la langue d'enseignement? Lorsqu'on visite une classe qui utilise l'approche *Finding Out*, on voit plusieurs élèves étudiant les fiches d'activité et les fiches de travail et discutant des instructions et de ce qu'ils sont censés faire. Ce sont les classes où nous avons trouvé la plus grande proportion d'élèves en train de lire et d'écrire, et ce sont celles-là qui ont fait le plus de progrès dans le test de compréhension en lecture (Cohen et Intili, 1981). Les élèves lisent et écrivent dans un but très précis, et non pour un quelconque devoir dénué de sens pour eux.

Dans une classe de deuxième année, l'enseignante disait chaque jour aux élèves: «Ne touchez pas au matériel avant d'avoir discuté ce que dit la fiche d'activité et de pouvoir me dire ce que vous êtes censés faire. Je vais faire le tour et demander à l'un d'entre vous de me dire ce que vous devez faire.» Et c'est exactement ce qu'elle faisait, demandant souvent à ceux qui ne lisaient pas ce qu'ils comptaient faire avec le matériel. Si l'élève ne pouvait pas répondre, elle lui disait: «Je pense que tu vas devoir lire et discuter encore un peu. Je vais revenir pour voir si tu as réussi à trouver la réponse.» Navarrete (1985) a enregistré sur vidéo des groupes au travail dans cette classe. Elle a trouvé que la plupart des discussions entre les élèves leur permettaient de déterminer le contenu de la fiche d'activité. Les progrès de la compréhension en lecture étaient directement liés à la fréquence des occasions où les élèves demandaient de l'aide, en recevaient et retournaient à leur tâche (ce que Navarrete a appelé une séquence de résolution de problème). Impatients de passer à la manipulation d'un matériel intéressant, les non-lecteurs étaient stimulés à trouver eux-mêmes ce que disait la fiche d'activité. L'enseignante a pu ainsi favoriser la compréhension des concepts mathématiques tout en développant les habiletés de base.

CONCLUSION

L'acquisition de la langue d'enseignement préoccupe tellement les éducateurs que le programme destiné aux élèves faibles en anglais est souvent limité et empêche le développement intellectuel des élèves. Une trop grande insistance sur la langue peut, de plus, rendre les élèves et les enseignants hésitants sur la langue à utiliser. Le travail de groupe constitue une situation où la langue est utilisée pour résoudre un problème concret; elle sert de moyen de communication pour atteindre divers objectifs d'apprentissage. Par exemple, dans l'instruction complexe, les élèves utilisent des concepts difficiles parce qu'ils veulent comprendre, communiquer avec leurs pairs et apprendre à résoudre des problèmes. La langue est utilisée dans un contexte signifiant. Elle sert à décrire, à analyser, à faire des hypothèses et des inférences. De plus, dans la mesure du possible, les enfants peuvent utiliser une langue qu'ils comprennent.

Dans les classes où les résultats scolaires des élèves se situent dans les 30 p. 100 à l'automne, des progrès sont vite visibles lorsqu'on utilise l'approche *Finding Out*. Que nous enseigne cette expérience? La principale leçon, je pense, est que ces résultats découlent de l'utilisation d'un matériel d'apprentissage soigneusement conçu, ayant des bases théoriques solides, et du travail acharné d'une équipe d'enseignants volontaires. Depuis 1982, la mise en œuvre a été beaucoup plus systématique et les résultats sont encore meilleurs. Cela parce que les enseignants ont suivi une session de deux semaines de formation et parce qu'ils ont bien étudié et mis en application un système de gestion de la classe utilisant les groupes de coopération. Enfin, ces résultats ont été atteints grâce au soutien de tout le personnel de l'école et de notre équipe de recherche. Idéalement, un membre de notre équipe faisait neuf périodes d'observation systématique dans la classe de chaque enseignant et travaillait avec lui sur l'information recueillie à trois reprises. Sans toutes ces conditions, les résultats n'auraient pas été aussi constants et positifs.

Que pouvez-vous faire si vous ne bénéficiez pas de conditions aussi favorables? Vous pouvez quand même mettre en œuvre plusieurs principes utilisés dans *Finding Out* et dans l'instruction complexe. Vous pouvez placer la langue dans sa juste perspective, comme l'outil de communication d'un groupe en train d'apprendre quelque chose de valable. Vous pouvez utiliser les discussions et le travail de groupe pour enseigner des concepts. Vous pouvez mettre en pratique le système de gestion de la classe avec des normes et des rôles coopératifs. Vous pouvez installer des centres d'apprentissage dans votre classe en adaptant des activités recommandées dans les manuels. Vous pouvez, pour des périodes de travail de groupe, élaborer des fiches d'activités (bilingues de préférence) à partir de celles qui sont publiées ou diffusées par d'autres enseignants. Vous pouvez enseigner aux enfants à s'entraider, par delà les frontières de la langue. Vous pouvez créer des situations où foisonnent les données compréhensibles et les occasions de discuter avec les pairs. Vous pouvez montrer aux élèves comment s'enrichir mutuellement en se servant de leurs pairs comme ressources, afin que les élèves qui ont des retards scolaires puissent avoir la possibilité de les combler et d'acquérir des habiletés intellectuelles de haut niveau.

En 21 années de travail avec les enseignants et de recherches en classe, je n'ai rien trouvé d'aussi gratifiant que le spectacle d'élèves allophones travaillant en groupe avec animation, apprenant à résoudre eux-mêmes des problèmes intellectuels difficiles. J'espère que vous, qui enseignez à ce type d'enfants, déciderez de créer un cadre où vous pourrez vous aussi observer de jeunes élèves qui échangent et apprennent ensemble.

Appendice A

Exercices de formation à la coopération

Objectif: Rendre les élèves attentifs aux besoins des autres

«LES CERCLES BRISÉS»

Les instructions aux participants et les suggestions pour la discussion qu'on trouvera ici sont celles des personnes qui ont développé les «cercles brisés», Nancy et Ted Graves (Graves et Graves, 1985). Les «cercles brisés» se fondent sur le jeu des «carrés brisés» inventé par le Dr Alex Bavelas (1973).

On divise la classe en groupes de trois à six personnes. On donne à chacun une enveloppe avec différentes parties d'un cercle. Ce sont les pièces du casse-tête. Le but est de permettre à chacun de constituer un cercle complet. Pour atteindre ce but, il doit y avoir échange de pièces. Les joueurs n'ont pas le droit de parler ni de prendre des pièces dans l'enveloppe de quelqu'un d'autre. Ils ne peuvent qu'en donner aux autres.

Instructions pour les élèves

Chacun d'entre vous recevra une enveloppe contenant deux ou trois pièces d'un casse-tête; ne l'ouvrez pas avant que je vous le dise. L'objectif du jeu est de placer ces pièces ensemble de manière à ce que chaque membre de votre groupe réussisse à former un cercle complet. Voici quelques règles pour rendre le jeu plus amusant:

1. Il faut jouer en silence complet. Personne ne parle.
2. Vous ne pouvez faire aucun signe aux autres joueurs.
3. Chaque joueur doit compléter lui-même son propre cercle. Personne ne peut lui montrer comment le faire à sa place.
4. C'est un jeu de donneurs. Vous ne pouvez pas prendre la pièce d'un autre joueur, mais vous pouvez *donner* vos pièces, une à la fois, à un autre membre de votre groupe, et un autre

membre peut vous en donner. Vous ne pouvez pas placer une pièce dans le casse-tête d'une autre personne; chacun doit compléter son propre casse-tête. Placez plutôt la pièce dans la main de l'autre joueur ou à côté de ses autres pièces.

Vous pouvez maintenant prendre les pièces de votre enveloppe et les placer devant vous, le côté colorié sur le dessus. C'est une tâche de groupe et vous aurez 15 à 20 minutes pour faire vos cercles.

Rappelez-vous que le jeu n'est pas fini tant que tous ceux qui sont à votre table n'ont pas complété leur cercle. Lorsque vous aurez tous fini, levez la main. (Si un groupe finit avant les autres, suggérez aux élèves d'essayer de découvrir s'il y a d'*autres* manières de placer les pièces ensemble pour former les cercles.)

Discussion

Lorsque tous les groupes ont terminé la tâche ou que le temps alloué s'est écoulé, l'enseignant devrait aider les élèves à relever certaines des choses importantes qui se sont produites, à analyser pourquoi elles se sont produites et à appliquer ce qui a été appris à d'autres situations. Les questions suivantes peuvent servir à guider la discussion:

Selon vous, de quoi s'agissait-il dans ce jeu?
Comment vous sentez-vous concernant ce qui s'est passé dans votre groupe aujourd'hui?
Qu'est-ce que vous avez fait dans votre groupe qui vous a aidé à résoudre le problème?
Qu'est-ce que vous avez fait qui a rendu plus difficile la solution du problème?
Qu'est-ce que les groupes pourraient faire de mieux à l'avenir?

Aidez les participants à décrire concrètement ce qu'ils ont fait et à en dégager les implications générales et les leçons qu'ils ont apprises. Dans les «cercles brisés» avancés, un joueur peut empêcher le reste du groupe de terminer la tâche en refusant de partager ses pièces avec les autres une fois qu'il a complété son cercle. C'est une situation analogue à celle d'un groupe d'apprentissage en coopération où un membre travaille seul et refuse d'aider les autres.

Lors de la discussion, assurez-vous de revenir sur deux comportements clés pour la réussite du travail de groupe: *Soyez attentifs aux besoins des autres membres du groupe. Personne n'a fini tant que les autres n'ont pas fini.* Soulignez ces comportements lorsque les groupes en font mention dans leur rapport où lorsqu'ils décident que ces comportements les aideront à faire mieux à l'avenir.

Vous trouverez plus loin des indications sur la façon de fabriquer et d'utiliser les «cercles brisés». Si vous avez du temps ou si vous pensez que la leçon est utile, vous pouvez utiliser une version plus avancée des «cercles brisés»; vous trouverez également des indications sur cette version. La différence réside dans le fait que, dans la version avancée, un des joueurs peut bloquer le travail du reste du groupe en complétant son cercle avec succès, mais en refusant de partager ses pièces avec les autres. Il est toujours possible d'effectuer cette seconde tâche plus tard dans l'année, si l'enseignant pense qu'elle est nécessaire.

Modèles pour des élèves d'âges différents

Les «cercles brisés» les plus simples. Ce modèle convient aux enfants de 5 à 7 ans divisés en groupes de trois. Placez les pièces marquées I, II et III dans trois enveloppes (*voir la figure A.1*) et donnez une enveloppe à chaque joueur. Le diagramme montre comment les pièces des joueurs I, II, et III peuvent être réarrangées pour former trois cercles. Deux cercles composés d'une moitié et de deux quarts constituent une autre solution. La figure A.1 indique une solution dans laquelle chaque joueur doit abandonner une de ses pièces aux autres joueurs.

Les «cercles brisés» simples. Ce modèle convient aux enfants de 8 à 10 ans divisés en groupes de quatre. Placez les pièces dans quatre enveloppes marquées W, X, Y et Z. La figure A.2 indique une solution. Demandez aux groupes qui finissent les premiers: «Combien *d'autres* façons y a-t-il de former quatre cercles?»

Les «cercles brisés» avancés. Ce modèle convient aux enfants de 8 à 10 ans qui ont déjà travaillé avec la version simple des «cercles brisés». Il peut aussi être utilisé comme premier exercice pour des élèves plus âgés, par exemple du secondaire, et des adultes.

La figure A.3 présente des modèles pour les «cercles brisés» avancés. La série comprend 15 pièces, qui permettront de constituer 6 cercles. Préparez une série de six cercles pour chaque petit groupe. Dans la figure A.3, on indique qu'il y a quatre pièces qui

FIGURE A.1 Les «cercles brisés» les plus simples

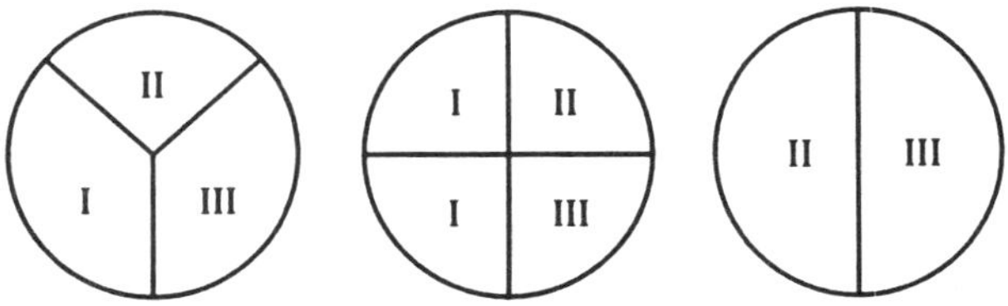

FIGURE A.2 Les «cercles brisés» simples

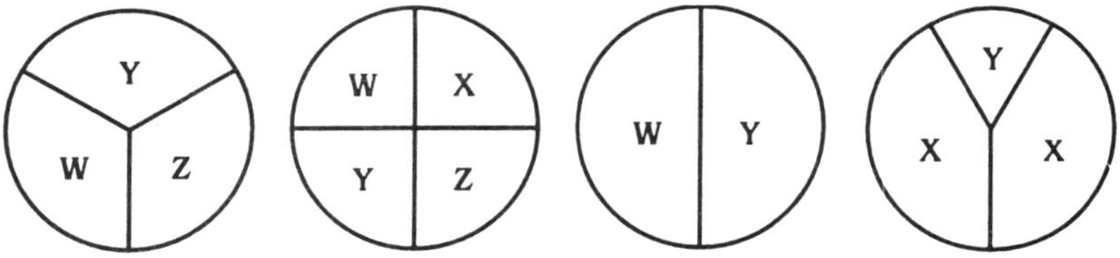

FIGURE A.3 Les «cercles brisés» avancés

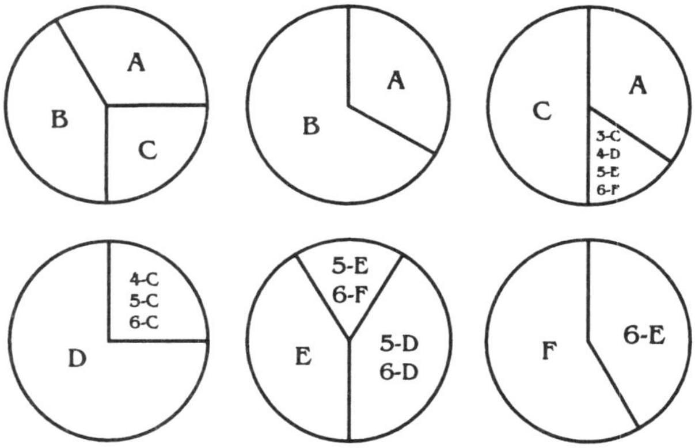

doivent être placées différemment selon la taille du groupe. Par exemple, pour un groupe de six personnes, la pièce 6-F va dans l'enveloppe F et la pièce 6-E dans l'enveloppe E, la pièce 6-C dans l'enveloppe C et la pièce 6-D dans l'enveloppe D. On fait de même pour chaque groupe de six personnes.

Une fois que vous avez fini de placer les pièces dans les enveloppes marquées d'une lettre, mettez ces enveloppes dans une autre grande enveloppe. Vous êtes maintenant prêts à remettre le matériel au petit groupe.

Même s'il est assez facile, une fois que vous vous êtes familiarisés avec l'exercice, de modifier sur-le-champ des séries de six cercles pour des groupes de cinq élèves ou moins, il est préférable de le faire à l'avance en indiquant sur la grande enveloppe le nombre de cercles qu'elle contient. On peut ainsi choisir rapidement ceux dont on a besoin.

Matériel

La taille des cercles peut aller de trois à vingt centimètres de diamètre. Cependant, tous les cercles d'une série doivent avoir la même dimension. Chaque série de cercles doit être de couleur différente. Ainsi, chaque petit groupe travaillera avec des pièces qui sont toutes de la même couleur et qui sont différentes de celles des autres groupes. Cela vous facilitera la tâche lorsque vous préparerez le matériel pour l'exercice.

La façon la plus simple de fabriquer le matériel destiné aux exercices décrits dans le présent appendice est de photocopier les diagrammes présentés en les agrandissant à la dimension désirée. Utilisez l'agrandissement pour reproduire le modèle sur du carton de différentes couleurs. Il faut inscrire sur l'enveloppe la lettre ou le nombre correspondant aux pièces qu'on y mettra.

LE CASSE-TÊTE

Choisissez quelques casse-tête simples. Chaque membre du groupe a un sac contenant un quart des pièces (pour un groupe de quatre personnes). Chacun doit compléter le casse-tête sans avoir devant lui l'image du casse-tête assemblé. On peut parler, mais la tâche ne peut être terminée sans que chaque individu apporte sa contribution. Personne ne peut prendre la pièce d'un autre et la placer pour lui. On peut se faire des suggestions et s'encourager, mais chacun doit faire sa partie du casse-tête.

Après ces exercices, animez une discussion semblable à celle suggérée pour les «cercles brisés». Indiquez comment ce qu'on a appris pendant cet exercice sera utile pendant le travail de groupe. Chacun des élèves aura des renseignements et des idées qui l'aideront à terminer les tâches données aux groupes. En partageant ces renseignements et ces idées avec les autres, chacun pourra retirer davantage de l'activité.

Objectif: Préparer les élèves de l'élémentaire à travailler aux centres d'apprentissage avec des fiches de travail individuelles et du matériel à manipuler

Pour travailler dans cette situation, les élèves devront apprendre à aider et à expliquer, à poser des questions et à donner les bonnes réponses. Pour enseigner à aider et à expliquer, des comportements tout à fait nouveaux pour les élèves, nous suggérons deux exercices: le «maître concepteur» et «Devinez ma règle». En vieillissant, l'élève doit apprendre à justifier ses opinions. Il doit aussi apprendre à communiquer clairement ses idées aux autres. C'est dans ce but que l'exercice de la «Logique de l'arc-en-ciel» a été inclus (*voir plus loin*). Vous pouvez créer vos propres exercices en utilisant ceux du présent appendice comme des exemples qui mettent en lumière et permettent de pratiquer des nouveaux comportements.

«LE MAÎTRE CONCEPTEUR»

Matériel

Ce jeu requiert un ensemble de formes géométriques. Chaque joueur a besoin d'un ensemble complet, à l'exception de celui qui joue le rôle d'observateur. On recommande qu'il y ait cinq personnes par groupe, mais le jeu est possible avec des groupes plus petits. Les formes doivent être taillées dans un matériau solide, par exemple du chêne. La figure A.1 donne la dimension exacte des formes.

FIGURE A.4 Les formes du «maître concepteur»

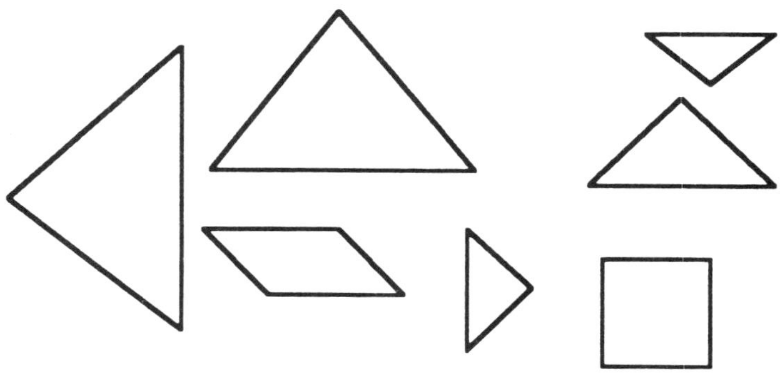

Vous aurez également besoin de cartons pour placer sur la table devant chaque élève afin qu'il puisse voir les autres, mais *pas* ce qu'ils font avec les pièces.

Règles et discussion

Un élève joue le rôle de maître concepteur. Il doit dire aux autres élèves de reproduire une forme qu'il a créée avec les pièces (ou une partie d'entre elles), mais il ne peut pas le faire pour eux. Les joueurs ne peuvent pas voir ce que font les autres, ni la forme créée par le maître concepteur. Mais ils peuvent poser des questions au maître concepteur. Cela permet d'illustrer un nouveau comportement très important:

Aider les élèves à faire les choses eux-mêmes

Le groupe dépend du maître concepteur pour expliquer comment il faut faire. C'est un autre comportement nouveau:

Expliquer en disant comment faire

En plus des explications verbales, les élèves peuvent utiliser le langage des signes pour expliquer aux autres comment faire. Cela aidera à combler les lacunes de la langue d'enseignement qui peuvent exister dans votre classe.

Lorsqu'un membre du groupe pense qu'il a réussi à deviner la forme réalisée par le maître concepteur, il lui demande de vérifier la solution. S'il dit qu'elle est correcte, il doit aider les autres membres du groupe en leur expliquant comment faire. Cette règle illustre un autre comportement important:

Tout le monde s'entraide

Inscrivez ces trois comportements en grosses lettres sur une affiche; placez-la à un endroit bien en vue dans la classe.

Lorsque tous les membres du groupe ont reproduit la forme correctement, un autre élève peut jouer le rôle de maître concepteur. Si vous n'avez pas assez de temps pour tout le monde, désignez vous-mêmes quelques élèves pour jouer ce rôle en évitant de choisir seulement les leaders naturels.

À chaque tour, un élève joue le rôle d'observateur. Il surveille le groupe et note les deux comportements suivants chaque fois qu'ils se produisent:

Expliquer en disant comment faire
Tout le monde s'entraide

Préparez une feuille de pointage simple sur laquelle l'observateur pourra noter ces nouveaux comportements chaque fois qu'il les verra.

Comme c'est la première fois qu'on demande aux enfants d'agir à titre d'observateurs, vous devrez leur expliquer comment on peut savoir qu'un élève «dit comment faire» ou que des élèves autres que le maître concepteur sont en train d'aider. Vous pouvez prendre vous-mêmes le rôle de maître concepteur et faire deviner aux élèves une figure simple. Donnez ensuite aux élèves les deux rôles suivants: «dire comment faire» et «aider les autres». Il n'est pas si important que l'observateur enregistre correctement chaque apparition du comportement. Le simple fait d'avoir quelqu'un qui surveille et qui note les comportements aide à les objectiver. Le groupe pourra ainsi reconnaître plus facilement de tels comportements lorsqu'ils se produiront.

À la fin du jeu, demandez à chaque observateur de rapporter combien de fois il a observé chacun des nouveaux comportements. Ils pourront donner quelques bons exemples de ce qu'ils ont vu. Cela fournira à l'enseignant l'occasion de renforcer les nouveaux comportements. Faites suivre cela par une discussion similaire à celle décrite en détail pour les «cercles brisés». Expliquez aux élèves comment ces comportements seront utiles pendant leurs études. Spécifiez que chacun aura la responsabilité de sa fiche de travail parce qu'il est important de comprendre et de faire les choses par soi-même.

«DEVINEZ LA RÈGLE»

Objectifs

Ce jeu a été créé par Rosenholtz (1977) pour développer les habiletés de raisonnement. Les élèves doivent déduire quelle règle a été choisie pour classer des cartes représentant des formes de différentes couleurs et grandeurs. Une personne tient une carte-règle sur laquelle est écrite une règle comme «Seulement des formes rouges». Les élèves essaient de deviner la règle en présentant des cartes à la personne et en lui demandant si ces cartes correspondent ou non à la règle.

FIGURE A.5 Cartes-règle pour le jeu «Devinez la règle»

1. Seulement des △
2. Seulement de petites formes
3. Seulement de grands ◇
4. Seulement des formes rouges
5. Seulement les □ bleus*
6. Seulement les ○ rouges* et bleus*

*Dessinez ces formes de la couleur appropriée.

Matériel

Chaque groupe de cinq (trois joueurs, une personne qui tient la carte et un observateur) aura besoin d'une série de cartes-règle, d'un bout de laine pour former un grand cercle et d'un jeu de cartes spécial. Chaque carte porte une forme particulière (un cercle, un carré, un triangle ou un losange) d'un format particulier (grand, moyen ou petit) et d'une couleur particulière (rouge, bleue ou verte). L'ensemble des combinaisons possibles de formes, de tailles et de couleurs constitue un jeu de 36 cartes. Dessinez une forme d'une certaine grandeur et d'une certaine couleur sur la carte et tracez un cadre de la même couleur autour de la carte. (Il est beaucoup plus facile de dessiner les formes sur un jeu de cartes uniformes que de découper des cartes de chaque forme. De plus, le jeu de cartes uniformes est beaucoup plus facile à manipuler pour les élèves). Vous aurez également besoin de préparer un ensemble de cartes-règle pour chaque groupe de joueurs. Ces cartes portent la règle que les élèves doivent déduire. Les règles sont fournies dans la figure A.5.

Instructions pour les élèves

Ce jeu de raisonnement s'appelle «Devinez la règle» et se joue avec un jeu de cartes spécial. Comme vous pouvez le voir, il y a quatre formes différentes sur les cartes: un cercle, un carré, un triangle et un losange. Chaque forme se présente en trois formats: grand, moyen et petit. Et pour chaque format, il y a des cartes de trois couleurs: rouge, bleu et vert. Il y a plusieurs façons de regrouper ces cartes. Pensez à une manière. Voici des cartes-règle où sont indiquées différentes manières de regrouper les cartes. Vous devez deviner ce qui est inscrit sur la carte-règle que j'ai dans la main. Nous allons placer le jeu de cartes au centre de la table et vous allez prendre une carte, chacun à tour de rôle. Si la carte que vous avez prise correspond à ma règle, je dirai «oui» et vous pourrez la placer dans le cercle. Si elle n'y correspond pas, je dirai «non» et vous la placerez à l'extérieur du cercle. Chaque élève ne peut prendre qu'une seule carte à la fois. Lorsque vous aurez trouvé deux ou trois cartes qui correspondent à ma règle, vous pourrez chercher à déduire de quelle règle il s'agit; mais c'est seulement lorsque c'est votre tour de jouer que vous pouvez essayer de deviner ma règle.

(L'enseignant choisit un groupe et joue un tour en tenant dans sa main la carte-règle. Les autres enfants se regroupent autour de la table pour regarder.)

Comme vous pouvez le voir, c'est un jeu qui vous demandera de raisonner et de réfléchir très attentivement. Dans beaucoup des tâches que vous aurez à accomplir aux centres d'apprentissage, vous aurez besoin de raisonner et de réfléchir. Lorsqu'on a un problème difficile à résoudre, il est bon de *chercher à découvrir ce que les autres pensent*.

Nous allons nous exercer à découvrir ce que les autres pensent. Lorsque ce sera votre tour et que vous aurez une idée de ce qu'est la règle, demandez aux deux autres membres de votre groupe ce qu'ils pensent de votre idée. Par exemple, vous pourriez leur dire: «Je pense que la règle est: toutes les formes bleues. Qu'en dites-vous?» S'ils répondent oui ou non, demandez-leur de *dire pourquoi* ils pensent cela. Après avoir écouté ce qu'ils disent ou s'ils ne savent pas, posez la même question à celui qui joue le rôle d'observateur. Si vos coéquipiers ne savent que vous répondre, adressez-vous aussi à l'observateur. Puis, *prenez votre propre décision* sur la règle et posez la question à celui qui tient la carte.

Discussion

Incitez les enfants à se demander les uns les autres ce qu'ils pensent et pourquoi ils raisonnent ainsi. Expliquez-leur pourquoi il est important d'essayer de justifier leurs réponses. C'est une habileté nouvelle très utile.

Une autre règle est importante pour se préparer au travail aux centres d'apprentissage: comme chaque élève est responsable de sa fiche de travail, il est important que chacun prenne ses propres décisions une fois qu'il a consulté les autres.

Tous ces nouveaux comportements («découvrir ce que pensent les autres», «justifier ses réponses» et «prendre ses propres décisions») devraient être inscrits en grosses lettres et affichés à un endroit bien en vue.

Comme dans les jeux précédents, il doit y avoir un observateur, qui cherche à repérer les deux comportements suivants:

Découvrir ce que pensent les autres,
Justifier ses réponses.

Il faut lui fournir une grille d'observation simple, comme celle du «maître concepteur», où il pourra inscrire les nouveaux comportements.

Vos groupes sont maintenant prêts à jouer. Une personne tient la carte-règle, une autre observe et les trois autres essaient de deviner. À chaque tour, les élèves changent de rôle. Les cartes sont placées face en bas sur la table et celui qui a été choisi pour tenir la carte-règle pige une nouvelle carte.

À la fin de la partie, l'observateur note le nombre de fois qu'il a vu les nouveaux comportements pendant la partie qu'il a surveillée. Demandez aux enfants s'il leur a été utile d'avoir l'opinion des autres. S'ils ne donnent pas de bons exemples d'élèves qui ont justifié leurs réponses, essayez d'en donner quelques-uns vous-mêmes. Demandez-leur comment ils réagissent quand ils écoutent des opinions différentes de la leur et qu'ils doivent prendre ces idées en considération avant de prendre une décision. Demandez-leur s'ils connaissent d'autres situations semblables. Soulignez qu'ils devront agir ainsi aux centres d'apprentissage.

«La logique de l'arc-en-ciel»*

Cet exercice est tiré du programme Family Math; il a été conçu pour développer chez les élèves la pensée déductive et le raisonnement

---

* Adapté de *Family Math*, Lawrence Hall of Science. Copyright 1987 Regents University of California. Tous droits réservés.

spatial. Les élèves doivent déduire la disposition des couleurs dans une grille en posant une série de questions. La grille est constituée selon des règles qui précisent quelles sont les façons permises de placer les carrés. C'est en tenant compte de ces règles que le groupe doit discuter et décider des meilleures questions à poser au responsable de la grille.

Matériel

Des carrés en papier de couleur pour chaque joueur: quatre de chaque couleur pour chaque joueur (il y en aura plus que nécessaire pour résoudre le problème).

Des grilles de trois carrés sur trois.

Instructions

L'enseignant peut agir à titre de responsable de la grille pour la première ronde. On peut choisir un groupe pour la démonstration. Le reste de la classe peut se rassembler autour de ce groupe et surveiller ce qui se passe. Après la première ronde, les élèves devraient être responsables de la grille à tour de rôle dans leur propre groupe. La taille des groupes peut varier entre 3 et 5 élèves. Le responsable de la grille peut également agir à titre d'observateur.

Le responsable de la grille prépare en secret une grille en utilisant trois carrés de chaque couleur. Tous les carrés de la même couleur doivent être reliés par au moins un côté complet (*voir la figure A.6*).

Le but du jeu est de situer toutes les couleurs sur la grille en posant le moins de questions possible. Le groupe doit donc *discuter et décider* avant de poser une question au responsable de la grille. Les élèves doivent expliquer aux autres la logique de leur pensée tout au long de la discussion. Pourquoi cette question permettra-t-elle d'obtenir le maximum d'information utile pour résoudre le problème? Les élèves devraient apprendre deux nouveaux comportements pendant la discussion:

Discuter et prendre une décision;

Justifier ses suggestions.

FIGURE A.6 Exemples de grilles pour la «logique de l'arc-en-ciel»

Exemple de grille secrète

	Colonne A	Colonne B	Colonne C
Rangée 1	Vert	Jaune	Jaune
Rangée 2	Vert	Vert	Jaune
Rangée 3	Bleu	Bleu	Bleu

Les agencements ci-dessous ne sont pas permis.

Rouge		
	Rouge	
		Rouge

	Rouge	
		Rouge
	Rouge	

Règles pour les questions

Les joueurs demandent les couleurs qu'il y a dans une rangée ou une colonne particulière (les rangées sont horizontales et les colonnes sont verticales).

Le responsable de la grille donne les couleurs, *mais pas nécessairement en ordre.*

Chaque joueur devrait utiliser une grille et des carrés de papier de couleur pour noter les indices.

On peut placer les carrés *à côté* de la rangée ou de la colonne tant qu'on n'a pas trouvé l'endroit exact où ils vont.

Note: Si cela paraît trop facile pour la classe, essayez de jouer avec une grille de quatre carrés sur quatre en respectant les mêmes règles.

Discussion

Celui qui joue le rôle d'observateur pour une ronde donnée doit noter le nombre de fois que les gens donnent les raisons de leurs suggestions. Il devrait également surveiller la discussion pour voir si l'on a réellement discuté avant d'en venir à une décision. Peut-être que quelqu'un s'est imposé et a posé une question au responsable de la grille avant que les autres donnent leur avis ou qu'on ait pris le temps de discuter une question controversée.

Lorsque la plupart des groupes ont terminé quelques rondes de l'exercice, l'enseignant doit les interrompre et demander aux observateurs de chaque groupe de présenter leur rapport. La classe peut alors discuter des façons d'améliorer le fonctionnement de la discussion ou la manière de justifier ses suggestions. Il faut ensuite laisser la classe continuer pour que chacun ait la chance d'être responsable de la grille et observateur. Lorsque la dernière ronde est terminée, demandez aux observateurs de venir devant la classe et de former une table ronde qui discutera s'ils ont ou non observé des améliorations dans le fonctionnement de la discussion et dans la façon de justifier ses suggestions pendant la seconde partie de la session. Ou encore, les élèves peuvent décrire ce qu'ils ont appris concernant les trois normes de coopération et comment elles s'appliquent au travail de groupe dans la matière à l'étude.

Objectif: Préparer les élèves au travail de groupe comportant des discussions

«La fusée à quatre étages» d'Epstein

Voici la tâche originale conçue par Epstein (1972) pour améliorer les habiletés de discussions de personnes de tous les groupes d'âge. La présente version ne comporte que quelques adaptations mineures.

Pré-test

Expliquez aux élèves de la classe que, pour se préparer au travail de groupe, ils ont besoin d'apprendre comment participer à une bonne discussion de groupe. Divisez la classe en groupes de cinq personnes. Donnez aux groupes un sujet de discussion d'un grand intérêt (deux exemples de sujets de discussion sont fournis aux pages 182 à 184). Pendant la discussion, l'enseignant circule parmi les groupes en écoutant, en observant et en notant les exemples de bonne ou de mauvaise technique de discussion. Les groupes ont cinq minutes pour la discussion.

La pratique des quatre «étages»

Après le pré-test, faites une discussion de groupes sur les facteurs qui favorisent une bonne discussion et sur ceux qui la freinent. Dites aux élèves de la classe qu'ils vont pratiquer quatre habiletés nécessaires pour que la discussion puisse «décoller» comme une fusée (utilisez l'illustration d'une fusée à quatre étages).

Étage 1, la concision: Ne pas tourner autour du pot, mais aborder directement le sujet.

Choisissez un élève pour chronométrer le groupe. Il doit veiller à ce que les membres discutent du sujet pendant 5 minutes et que chaque personne ne parle pas plus de 15 secondes à chaque intervention.

Étage 2, l'écoute: Être attentif à ce qui se dit.

Choisissez un nouvel élève pour chronométrer. Continuez à discuter du sujet pendant cinq minutes en veillant encore une fois à ce que les interventions ne dépassent pas 15 secondes.

Cependant, cette fois, chaque personne doit attendre trois secondes après que la personne qui la précède a fini de parler avant d'intervenir.

Étage 3, la compréhension: Répéter tout haut pour le groupe une partie de ce que la personne qui a parlé avant vous a dit.

Choisissez un nouveau responsable du chronométrage. Continuez à discuter le même sujet pendant encore 5 minutes, en vous assurant que chaque intervention ne dure pas plus de 15 secondes et que chaque personne attend 3 secondes après que l'intervenant précédent a fini de parler. De plus, *celui qui parle doit répéter au groupe une partie de ce que la personne qui vient de parler a dit.* C'est ce qu'on appelle la *compréhension* du point de vue de l'autre. La personne qui a parlé avant doit faire un signe de la tête pour indiquer que sa pensée a été comprise correctement. La discussion ne peut se poursuivre avant que cette opération ne soit réussie.

Étage 4, la participation: Tous les membres du groupe doivent participer.

Sélectionner un nouveau responsable du chronométrage. Continuez à discuter le même sujet pendant cinq autres minutes. Toutes les règles précédentes s'appliquent en plus d'une nouvelle: *Personne ne peut parler une deuxième fois avant que tous les membres du groupe aient parlé.*

Après chaque étage, demandez aux responsables du chronométrage si leur groupe a réussi à maîtriser l'habileté visée. Ils peuvent faire d'autres observations sur les difficultés rencontrées et sur ce qui s'est passé. Rappelez à la classe pourquoi chaque habileté est importante.

Post-test

Choisissez comme observateur un élève qui n'a pas eu la chance de jouer le rôle de responsable du chronométrage. Poursuivez la discussion pendant cinq minutes sans devoir observer les règles mais en essayant d'utiliser les habiletés de *concision, d'écoute, de compréhension et de participation.* Les observateurs prendront en note les bons exemples de chacun de ces comportements. Vous pouvez leur préparer une feuille de pointage.

Après le post-test, demandez aux observateurs ce qu'ils ont observé. Demandez également à toute la classe quelles ont été les différences entre le pré-test et le post-test.

Note: Si les élèves de la classe n'ont pas eu d'expériences antérieures de discussion de groupe, vous remarquerez qu'ils finissent très rapidement les tâches de discussion. Il faudra que vous ayez sous la main d'autres questions et d'autres sujets de discussion. Deux exemples de sujets de discussion sont fournis aux pages 182 et 183.

Objectif: Améliorer les habiletés requises pour le travail de groupe

L'exercice de la «fusée à quatre étages» peut suffire pour amorcer le travail de groupe. Cependant, il y a des habiletés additionnelles qui deviennent nécessaires lorsque les groupes entreprennent des projets à long terme. On peut établir des listes de comportements positifs et de comportements négatifs destinées à améliorer les habiletés requises pour le travail de groupe.

Les *comportements positifs* sont ceux qui aident le groupe à accomplir le travail. Un membre dont le comportement est positif

a *des idées nouvelles* et des suggestions;
demande des informations et en donne;
explique aux autres;
organise les idées;
vérifie si le groupe est prêt à prendre une décision.

Les *comportements très positifs* sont ceux qui contribuent à la réussite du travail en favorisant l'harmonie du groupe. Un membre dont le comportement est très positif

demande aux membres passifs d'exprimer leur opinion;
écoute les autres avec intérêt;
apprécie les bonnes idées et suggestions;
est prêt à changer d'idée si quelqu'un apporte un bon argument.

Les *comportements négatifs* sont ceux qui engendrent des problèmes entre les membres du groupe et les empêchent d'accomplir le travail. Un membre dont le comportement est négatif

parle trop;
écoute très peu les autres;

tient absolument à ce qu'on adopte ses idées;
n'aide pas les autres à corriger leurs comportements négatifs;
critique les personnes elles-mêmes plutôt que leurs idées;
laisse les autres accomplir tout le travail.

Choisissez les comportements qui vous paraissent particulièrement importants pour vos groupes à la lumière de vos observations et des problèmes qui ont surgi pendant les discussions. Il est toujours préférable d'amener les membres de la classe à choisir eux-mêmes, à partir de leur propre expérience, les comportements qui ont besoin d'être corrigés. Expliquez aux élèves que cet exercice va les aider à maîtriser ces habiletés particulières.

Après avoir présenté à la classe les comportements sur lesquels va porter l'exercice, formez des groupes de discussion. Utilisez toujours les mêmes mots pour désigner les comportements choisis. Un élève jouera le rôle d'observateur dans chaque groupe; il devra noter chaque apparition de ces comportements à l'aide d'une feuille de pointage. Prévoyez une séance préalable de préparation avec les observateurs afin qu'ils sachent quels comportements observer. Donnez aux élèves un sujet de discussion qu'ils peuvent débattre pendant 5 à 10 minutes.

Interrompez la discussion et demandez aux observateurs de rapporter ce qu'ils ont observé et noté. Dégagez de la discussion quelques-unes des bonnes stratégies qui ont été utilisées et suggérez une solution de rechange pour faire face aux problèmes qui se sont posés. Vous pouvez utiliser la même démarche pour toutes les habiletés qu'on a besoin de pratiquer.

Exemples de tâches de discussion

Le vaisseau spatial

Ce jeu consiste à choisir sept personnes pour partir en voyage vers une autre planète à bord d'un vaisseau spatial. Vous venez d'être averti qu'une bombe à neutrons a été lancée vers les États-Unis et que ce pays vient d'en lancer une en représailles. C'est la fin du monde. Le vaisseau spatial a la capacité d'implanter la vie sur une autre planète. Onze personnes ont été choisies par un tirage au sort pour monter dans le vaisseau; mais il y a eu erreur et il s'avère que seulement sept personnes pourront s'embarquer. Votre groupe doit décider quelles sont les sept personnes qui reconstruiront la vie ailleurs. Rappelez-vous que le vaisseau ne peut pas prendre plus de sept personnes. Une personne ne peut être choisie sans l'accord unanime de tous les membres du groupe.

1. Un violoniste de 30 ans appartenant à un orchestre symphonique
2. Un pasteur protestant de 67 ans
3. Un ingénieur de 23 ans et son épouse de 21 ans (ils ont refusé d'être séparés)
4. Un policier de 40 ans qui refuse de se séparer de son arme
5. Un garçon de votre âge qui fréquente votre école
6. Un décrocheur de 25 ans qui a été arrêté récemment pour vol à main armée
7. Une enseignante en sixième année de 32 ans
8. Une femme médecin de 40 ans
9. Une sculpteur de 50 ans
10. Un poète de 25 ans
11. Une fille de un an

La rivière Alligator

Il était une fois une fille nommée Abigail qui était amoureuse d'un garçon nommé Gregory. Ce dernier eut un malheureux accident et brisa ses lunettes. Abigail, son amie, s'est offerte pour aller les faire réparer. Mais l'oculiste habitait de l'autre côté de la rivière Alligator et une inondation avait emporté le pont. Le pauvre Gregory ne pouvait rien voir sans ses lunettes et Abigail voulait désespérément traverser la rivière pour se rendre chez l'oculiste. Pendant qu'elle était seule au bord de la rivière, serrant les lunettes brisées dans ses mains, un garçon nommé Sinbad descendit la rivière dans une barque.

Abigail demanda à Sinbad s'il voulait bien l'aider à traverser. Il accepta à condition que, pendant la réparation, elle aille dans un magasin tout proche pour voler une radio transistor qu'il convoitait. Abigail refusa et se rendit chez son ami Yvan, qui avait aussi un bateau.

Lorsque Abigail eut expliqué son problème à Yvan, il dit qu'il était trop occupé et qu'il ne voulait pas s'en mêler. Voyant qu'elle n'avait pas d'autre choix, Abigail retourna voir Sinbad et lui dit qu'elle était d'accord avec son plan.

Lorsque Abigail remit les lunettes réparées à Gregory, elle lui dit ce qu'elle avait été obligée de faire. Gregory en fut si fâché qu'il lui dit qu'il ne voulait plus jamais la revoir.

Furieuse, Abigail alla voir Slug à qui elle raconta tous ses malheurs. Slug eut tellement de peine pour Abigail qu'il lui promit de régler son compte à Gregory. Ils allèrent au terrain de jeux de l'école, où Gregory jouait à la balle et Abigail prit plaisir à voir Slug frapper Gregory et lui briser ses lunettes.

Le groupe doit classifier ces personnages en commençant par le meilleur et en terminant par le pire: Abigail, Gregory, Sinbad, Ivan, Slug. Chacun doit justifier ses choix tout au long de la discussion (Simon, Howe et Kirschenbaum, 1972, p. 292-93).

Les stratégies de résolution de conflit pour le travail de groupe*

On initie d'abord les élèves à deux outils nouveaux pour la résolution de conflits: les affirmations de type «Je me sens...» et les requêtes positives. L'enseignant introduit les nouvelles façons de communiquer en fournissant des définitions, des exemples et des occasions de s'exercer. On montre aux élèves en quoi ces affirmations se distinguent du blâme; ils se rendent compte que ces affirmations peuvent remplacer la stratégie courante qui consiste à blâmer les autres. Après cette discussion avec l'ensemble de la classe, on donne aux élèves une fiche de travail où ils s'exercent à transformer des affirmations de blâme en affirmations de type «Je me sens...» et en requêtes positives.

LA DISCUSSION DIRIGÉE PAR L'ENSEIGNANT ET LES EXERCICES

Les affirmations du type «Je me sens...»

La plupart du temps, lorsque les élèves se sentent blessés et se fâchent parce qu'on leur a fait quelque chose, ils s'accusent mutuellement et il y a escalade du conflit. Les affirmations du type «Je me sens...» fournissent une manière constructive d'exprimer aux autres des sentiments déplaisants. Elles nous permettent de prendre la responsabilité de nos sentiments et de la façon dont nous réagissons à ce que disent et font les autres. En même temps, ces

---

* Le matériel de cette section a été élaboré par Diane Kepner.

affirmations permettent aux autres de savoir, sans qu'on les blâme, comment leur comportement nous affecte.

Les affirmations de blâme commencent généralement par «tu» et s'adressent à l'autre personne d'une manière très négative, en portant un jugement. Les affirmations du type «Je me sens...» mettent l'accent sur nos sentiments face au comportement de l'autre. Elles comprennent trois parties: la description du comportement, l'expression des sentiments ressentis à la suite du comportement et l'explication de ces sentiments. Il peut être utile de formuler ainsi les affirmations du type «Je me sens...»:

Quand tu... (Donner le comportement problème)
Je me sens... (Exprimer le sentiment)
Parce que... (Donner les raisons de son sentiment)

Exercices

Discutez avec la classe les exemples suivants d'affirmation du type «Tu...» et opposez-les avec des affirmations du type «Je me sens...» sur le même sujet. Les exemples proviennent tous de conflits pouvant générer les deux types de réponses. Demandez aux élèves d'analyser les affirmations du type «Je me sens...» en utilisant les trois étapes ci-dessus. Sont-ils capables de construire d'autres affirmations du type «Je me sens...» en suivant ces étapes? Vous pouvez utiliser la stratégie du remue-méninges pour cet exercice.

Situation 1 Un membre de votre groupe vous interrompt constamment lorsque vous parlez.

Affirmation du type: «Tu...»: «Tu es donc impoli! Tu ne me laisses jamais rien dire!»
Affirmation du type «Je me sens...»: «Lorsque tu m'interromps, je me sens réellement blessé, parce que je pense que ce que j'ai à dire est aussi important que ce que disent les autres.»

Situation 2 Deux membres du groupe accaparent les cartes concernant la tâche de façon à ce que vous ne puissiez pas les voir.

Affirmation du type «Tu...»: «Tu accapares toujours tout!»
Affirmation du type «Je me sens...»: «Je me sens mis à l'écart lorsque vous gardez les cartes, parce que je ne peux pas suivre ce qui se passe.»

Situation 3 Un membre de votre groupe passe son temps à lancer des boulettes de papier au membre d'un autre groupe et à parler aux participants de l'autre groupe.

Affirmation du type «Tu...»: «Tu es un vrai paresseux. Tu n'aides jamais le groupe.»

Affirmation du type «Je me sens...»: «Quand tu commences à t'amuser avec les gens des autres groupes, je me sens vraiment frustré, parce que nous avons besoin de l'aide de tout le monde pour finir ce projet à temps.»

Les requêtes positives

La plupart des problèmes ne sont pas résolus simplement parce qu'on a fait une affirmation du type «Je me sens...». Les membres du groupe doivent écouter attentivement ce qu'on a dit. Pour réagir d'une manière constructive, ils doivent savoir ce qu'il faut faire. Les requêtes positives peuvent aider le groupe à passer de la compréhension des sentiments à l'action. Cela exige que l'on se concentre non pas sur ce qu'on ne veut pas que l'autre personne fasse, mais sur les actions précises qu'on souhaite la voir entreprendre. Il faut se demander: «Qu'est-ce que je voudrais que tu fasses différemment et de quoi la nouvelle action aura-t-elle l'air?» Il faut être précis et positif plutôt que vague et négatif dans nos requêtes aux autres.

Exercices

Repassez les exemples suivants avec la classe. Demandez aux élèves de décrire pourquoi la troisième affirmation est précise et en quoi elle se distingue de la deuxième. Les requêtes positives commencent généralement par «Je veux que tu...», «Je voudrais que...», «J'aimerais que...» ou «J'aurais besoin que tu...». Les élèves peuvent oublier le caractère formel du langage dans ce cas-ci comme dans celui des affirmations du type «Je me sens...». Une fois qu'ils ont travaillé en suivant le modèle, laissez-les formuler leurs réponses dans leurs propres mots. Assurez-vous de faire suivre le tout d'une discussion où vous vérifierez avec eux si leur langage n'a pas modifié la nature du message. Si le message a changé, voyez comment.

1.	Affirmation négative:	«Cesse de m'interrompre.»
	Affirmation vague:	«Je veux que tu m'écoutes.»
	Requête positive:	«Je veux que tu attendes que j'aie fini avant de commencer à parler.»
2.	Affirmation négative:	«Cesse d'accaparer toutes les cartes!»
	Affirmation vague:	«Je veux que tu partages les cartes avec moi.»
	Requête positive:	«J'ai besoin que tu places les cartes au milieu de la table pour que je puisse voir.»
3.	Affirmation négative:	«Je veux que tu cesses de tourner en rond.»
	Affirmation vague:	«Je veux que tu aides notre groupe.»
	Requête positive:	«Je voudrais que tu remplisses le tableau avec les informations que nous avons dans nos notes.»

Si on les met ensemble, les affirmations du type «Je me sens...» et les requêtes positives constituent un puissant outil de communication qui aide les élèves à exprimer leurs sentiments et à demander aux autres de modifier leur comportement d'une manière directe et honnête. Retournez aux exemples d'affirmations du type «Je me sens...» et demandez à la classe de créer des requêtes positives pour ces exemples.

LA FICHE DE TRAVAIL SUR LA COMMUNICATION

Instructions pour les élèves

Pendant que vous travaillez avec les membres de votre groupe, des problèmes peuvent surgir avec l'un ou l'autre d'entre eux. Utilisez vos nouvelles connaissances et faites-leur savoir comment vous vous sentez et ce que vous attendez d'eux. Exercez-vous à utiliser des affirmations du type «Je me sens...» et des requêtes positives lorsque vous vous exprimez et évitez les messages de blâme qui enveniment le problème.

Pour chacune des situations ci-dessous, écrivez un message de blâme suivi d'une affirmation du type «Je me sens...» et d'une requête positive.

Écrivez ensuite d'autres situations du même genre à partir d'expériences de groupe que vous avez vécues ou que vous avez observées.

1. Un membre de votre groupe accapare tout le travail sur le projet. On vous ignore chaque fois que vous tentez de faire une suggestion. Lorsque vous prenez quelque chose pour essayer de participer, on vous l'enlève.
2. Un membre de votre groupe s'est promené dans la classe pour causer avec des amis pendant que le reste du groupe travaillait à préparer l'affiche pour votre présentation. Quand vous avez presque fini, il revient en vous bousculant et vous fait faire une marque qui abime toute l'affiche.
3. Vous êtes seulement trois dans votre groupe. Les deux autres sont de bons camarades, mais vous ne les connaissez pas très bien. Ils s'assoient l'un à côté de l'autre et font comme si vous n'existiez pas.
4. Tous les membres de votre groupe sont en train de discuter les questions de votre activité. Vous aimeriez dire quelque chose vous aussi, mais, chaque fois que c'est votre tour de parler, ils ne vous donnent pas le temps de formuler votre opinion et ils passent à quelqu'un d'autre.
5. Un membre de votre groupe a toujours des bonnes notes dans ses travaux en classe, mais il ne participe pas au travail de groupe. Vous pensez qu'il sait comment résoudre le problème sur lequel vous travaillez.

Appendice B

Outils d'évaluation du travail de groupe

EXEMPLE DE QUESTIONNAIRE POUR LES ÉLÈVES

Nom: ____

Inscrivez un X sur la ligne à droite de la réponse qui correspond le mieux à votre opinion sur chaque question. Souvenez-vous que ce n'est pas un test. Il n'y a pas de bonnes ou de mauvaises réponses. Je veux savoir ce que vous pensez.

Section A

1. Comment avez-vous trouvé votre travail de groupe?
   a) très intéressant ______
   b) assez intéressant ______
   c) intéressant ______
   d) peu intéressant ______
   e) pas intéressant du tout ______

2. Le travail de groupe était-il
   a) extrêmement difficile? ______
   b) assez difficile? ______
   c) difficile? ______
   d) ni difficile ni facile? ______
   e) très facile? ______

3. Avez-vous compris exactement ce que le groupe était censé faire?
   a) Je savais quoi faire. ______
   b) Je n'ai pas compris au début. ______
   c) Cela n'a jamais été clair pour moi. ______

4. Pour les tâches à habiletés multiples
   a) Quelles habiletés considérez-vous importantes pour bien réussir cette tâche?

   ____

   ____

   b) Y a-t-il une habileté que vous pensez avoir moins bien maîtrisée?

   oui _______ non _______

5. Combien de fois avez-vous parlé pendant le travail de groupe d'aujourd'hui?
   a) Je n'ai pas parlé du tout. _______
   b) J'ai parlé une ou deux fois. _______
   c) J'ai parlé trois ou quatre fois. _______
   d) J'ai parlé cinq fois ou plus. _______

6. Si vous avez parlé moins que vous l'auriez voulu, quelles en étaient les principales raisons?
   a) J'avais peur de donner mon opinion. _______
   b) J'ai été interrompu par quelqu'un. _______
   c) On ne m'a pas donné la chance de donner mon opinion. _______
   d) Personne n'a porté attention à ce que je disais. _______
   e) Je ne me sentais pas bien aujourd'hui. _______

7. Vous êtes-vous bien entendu avec tous les membres du groupe?
   a) Je me suis bien entendu avec quelques-uns. _______
   b) Je me suis bien entendu avec la moitié. _______
   c) Je me suis bien entendu avec la plupart. _______
   d) Je me suis bien entendu avec tous. _______
   e) Je me suis bien entendu avec personne. _______

8. Combien d'élèves ont écouté les idées des autres?
   a) seulement quelques-uns _______
   b) la moitié _______
   c) la plupart _______
   d) tous sauf un _______
   e) tous _______

Section B

1. Qui a parlé le plus dans votre groupe aujourd'hui?

   ____

2. Qui a parlé le moins dans votre groupe aujourd'hui?

   ____

3. Qui a eu les meilleures idées dans votre groupe aujourd'hui?

   ____

4. Qui a fait le plus pour diriger la discussion?

   ____

5. Aimeriez-vous travailler encore avec ce groupe?
   oui _______ non _______
   Si vous répondez non, dites pourquoi.

   ____

6. Celui qui jouait le rôle de facilitateur a-t-il bien fait son travail?

   ____

GUIDE D'ANALYSE DU QUESTIONNAIRE POUR LES ÉLÈVES

I. Quel pourcentage des élèves n'ont pas trouvé la tâche intéressante ou l'ont trouvée trop difficile ou ambiguë? (Vous trouverez aux questions A, B, et C ci-dessous comment calculer ce pourcentage en utilisant la réponse des élèves aux questions 1 à 3 de la section A.)

   A. Quel pourcentage des élèves ont répondu que le travail n'était pas très intéressant ou qu'ils n'étaient pas du tout intéressés? (Additionnez le nombre d'élèves qui ont choisi *c* ou *d* à la question 1. Pour obtenir un pourcentage, divisez ce nombre par le total des élèves qui ont répondu au questionnaire.)
   B. Quel pourcentage des élèves ont répondu que le travail était extrêmement difficile ou très facile? (Additionnez le nombre d'élèves qui ont choisi *a* ou *e* à la question 2. Utilisez la même méthode que ci-dessus pour obtenir un pourcentage.)

C. Quel pourcentage des élèves ont répondu que les instructions n'ont jamais été claires pour eux? (Déterminez le nombre d'élèves qui ont choisi *c* à la question 3. Suivez la même procédure qu'en A pour obtenir un pourcentage).

II. *Pour les tâches à habiletés multiples:* Les élèves ont-ils vu que la tâche faisait appel à des habiletés multiples? (Utilisez la section A du questionnaire aux élèves.)

A. Combien d'élèves ont été capables d'énumérer plus d'une habileté (question 4*a*)?
B. Combien d'élèves ont été capables d'indiquer une habileté qu'ils ont bien maîtrisée (question 4*b*)?
C. Parmi les habiletés énumérées, combien relevaient du travail scolaire ordinaire (question 4*b*)?

III. Comment le groupe a-t-il fonctionné? Y a-t-il des problèmes qui exigent des mesures particulières?

A. Quelles sortes de problèmes sont indiqués le plus fréquemment à la question 6 de la section A?
B. Combien d'élèves ont répondu qu'ils s'entendaient bien avec la moitié ou moins des membres de leur groupe (section A, question 7; additionnez *a* et *b*)?

IV. Comment les élèves de bas statut ont-ils trouvé l'expérience? (Prenez leur questionnaire à part et faites les compilations indiquées ci-dessous.)

A. Combien des ces élèves n'ont pas trouvé la tâche intéressante ou l'ont trouvée trop difficile ou ambiguë? Comment ce nombre se compare-t-il au nombre total des élèves de la classe qui ont répondu de cette manière? Si le pourcentage d'élèves de bas statut est beaucoup plus grand que celui de l'ensemble de la classe, c'est que votre tâche ne convient pas aux élèves de bas statut.
B. *Pour les tâches à habiletés multiples:* Parmi les élèves de bas statut, combien ont répondu qu'il y avait une habileté qu'ils avaient bien maîtrisée (question 4*b*, section A)? *Si la procédure des habiletés multiples a réussi, presque tous ces élèves devraient répondre oui.*
C. Y a-t-il des élèves qui ont répondu avoir moins participé que le reste de la classe? (Comptez combien d'élèves de bas statut

ont choisi *a* ou *b* à la question 5 de la section A. Puis faites la même chose pour le reste de la classe.) *Si plus de la moitié des élèves de bas statut ont répondu avoir peu participé tandis que seulement 25 p. 100 du reste de la classe répondaient dans le même sens, c'est qu'il y a un problème de statut qui nuit à la participation.*

D. Y a-t-il des élèves de bas statut pour qui cette expérience n'a pas été bonne? Examinez l'ensemble du questionnaire des élèves dont la réponse à la question 5 (section A) indique une faible participation afin de trouver la source du problème.

V. Dans quelle mesure chaque groupe a-t-il réussi à oublier le statut des participants et à bien fonctionner? (Réunissez les questionnaires de chaque groupe.)

A. Certains groupes ont-ils rapporté plus de problèmes interpersonnels que d'autres? Ou bien les plaintes étaient-elles réparties à peu près également parmi les groupes (questions 6, 7 et 8, section A)? Si trois membres ou plus du même groupe ont formulé ces plaintes, il est raisonnable de conclure que ce groupe éprouve des difficultés dans les relations interpersonnelles.

B. Y a-t-il eu des groupes où un élève de bas statut a été choisi par au moins deux autres comme celui qui a eu les meilleures idées? Cela pourrait indiquer que vous avez réussi à régler les problèmes du statut dans au moins quelques-uns de vos groupes.

C. Dans combien de groupes un élève de bas statut a-t-il été choisi par la plupart comme celui qui a le moins parlé (question 2, section B)? C'est un groupe où vous n'avez pas réussi à obtenir un comportement reflétant une égalité des statuts. Vérifiez avec soin les questionnaires de ce groupe. Vous pourriez choisir cet élève comme facilitateur la prochaine fois.

D. Comment celui qui jouait le rôle de facilitateur a-t-il été évalué par chaque groupe (question 6, section B)?

E. Si un élève de bas statut jouait le rôle de facilitateur, certains membres du groupe l'ont-il choisi comme ayant contribué le plus à diriger la discussion (question 4, section B)?

VI. Comment étaient les relations entre élèves de couleur, d'ethnie ou de langue différentes? (Divisez les questionnaires selon la couleur, l'ethnie ou la langue des élèves.)

A. La plupart des élèves des minorités ont-ils répondu s'être bien entendus avec la plupart ou tous les autres élèves de leur groupe (question 7, section A)?

B. Quelle est la proportion des élèves des minorités et de la majorité qui ont répondu ne plus vouloir travailler dans ce groupe à l'avenir (question 5, section B). Idéalement, la proportion ne devrait pas dépasser 15 p. 100. La proportion est beaucoup plus grande chez les élèves des minorités que chez ceux de la majorité.

BIBLIOGRAPHIE

Aaronson, E. *The jigsaw classroom*, Beverly Hills, CA, Sage Publications, 1978.

Ahmadjian, J. *Academic status and reading achievement: Modifying the effects of the self-fulfilling prophecy*, thèse de doctorat inédite, Stanford University, Stanford, CA, 1980.

American Association for the Advancement of Science. *Science for all Americans*, Washington, D.C. 1989.

Anderson, L. M. *Student response to seatwork: Implications for the study of students' cognitive processing*, Research Series No. 102, East Lansing, Michigan State University, Institute for Research on Teaching, 1982.

Awang Had, B. S. *Effects of status and task outcome structures upon observable power and prestige order of small task-oriented groups*, thèse de doctorat inédite, Stanford University, Stanford, CA, 1972.

Bandura, A. *Principles of behavior modification*, New York, Holt, Rinehart & Winston, 1969.

Bassarear, T. et Davidson, N. «The use of small group learning situations in mathematics instruction as a tool to develop thinking». Dans N. Davidson et T. Worsham (Éd.), *Enhancing thinking through cooperative learning* (p. 236-250), New York, Teachers College Press, 1992.

Bavelas, A. «The five squares problem — an instructional aid in group cooperation», *Studies in Personnel Psychology*, 5, 29-38, 1973.

Berger, J., Conner, T. et McKeown, W. «Evaluations and the formation and maintenance of performance expectations». Dans J. Berger, T. Conner et H. Fisek (Éd.), *Expectation states theory: A theoretical research program* (p. 27-51), Cambridge, MA, Winthrop Publications, 1974.

Berger, J., Rosenholtz, S. J. et Zelditch, M. Jr. «Status organizing processes», *Annual Review of Sociology*, 6, 479-508, 1980.

Berliner, D., Fisher, C., Filby, N., Marliave, R., Cahen, L., Dishaw, M. et Moore, J. *Beginning teacher evaluation study — Teaching behaviors, academic learning time and student achievement. Final report of phase II-B*. San Francisco, CA, Far West Laboratory, 1978.

Bower, A. *The effect of a multiple ability treatment on status and learning in the cooperative social studies classroom*, thèse de doctorat inédite, Stanford University, Stanford, CA, 1990.

Brinton, D. M., Snow, M. A. et Wesche, M. B. *Content-based second language instruction*. Boston, MA, Heinle & Heinle, 1990.

Cazden, C. *Classroom discourse: The language of teaching*. Portsmouth, NH, Heinemann, 1988.

Cohen, E. G. «Interracial interaction disability», *Human Relations*, 25, 9-24, 1972.

Cohen, E. G. «Expectations states and interracial interaction in school settings», *Annual Review of Sociology*, 8, 209-35, 1982.

Cohen, E.G. «Talking and working together: Status, interaction and learning». Dans P. Peterson, L. C. Wilkinson et M. Hallinan (Éd.), *The social context of instruction: Group organization and group processes* (p. 171-187), New York, Academic Press, 1984.

Cohen, E. G. *Producing equal status behavior in cooperative learning*. Mémoire présenté à la International Association for the Study of Cooperation in Education, Shefayim, Israël, 1988.

Cohen, E. G. «Teaching in multiculturally heterogeneous classrooms: Findings from a model program», *McGill Journal of Education*, 26, 7-23, 1991.

Cohen, E. G. *Restructuring the classroom: Conditions for productive small groups*. Madison, WI, Center on the Organization and Restructuring of Schools, University of Wisconsin-Madison, 1992.

Cohen, E. G. et Chatfield, M. *Complex Instruction in the Middle School: Implementation Manual*. Stanford, CA, Stanford University, Program for Complex Instruction, 1991.

Cohen, E. G. et Intili, J. K. *Interdependence and management in bilingual classrooms: Final report II*. (Contrat NIE-G-80-0217). Stanford, CA, Stanford University, Center for Educational Research, 1982.

Cohen, E. G., Lockheed, M. et Lohman, M. «Center for interacial cooperation: A field experiment», *Sociology of Education*, 49, 47-58, 1976.

Cohen, E. G., Lotan, R. et Catanzarite, L. «Treating status problems in the cooperative classroom». Dans S. Sharan (Éd.), *Cooperative learning: Theory and research* (p. 203-229), New York, Praeger, 1990.

Cohen, E. G., Lotan, R. et Leechor, C. «Can classrooms learn», *Sociology of Education*, 62, 75-94, 1989.

Cohen, E. G. et Roper, S. «Modification of interracial interaction disability: An application of status characteristic theory», *American Sociological Review*, 37, 648-55, 1972.

Cohen, E. G. et Sharan, S. «Modifying status relations in Israeli youth», *Journal of Cross-Cultural Psychology*, 11, 364-84, 1980.

Cook, T. *Producing equal status interaction between Indian and white boys in British Columbia*, thèse de doctorat inédite, Stanford University, Stanford, CA, 1974.

Cummins, J. «Linguistic interdependence and the educational development of bilingual children», *Review of Educational Research*, 49, 222-251, 1979.

Dar, Y. et Resh, N. «Classroom intellectual composition and academic achievement», *American Educational Research Journal*, 23, 357-374, 1986.

Davidson, N. «Small group learning and teaching in mathematics: A selective review of the research». Dans R. Slavin, S. Sharan, S. Kagan, R. Hertz-Lazarowitz, G. Webb et R. Schmuck (Éd.), *Learning to cooperate, cooperating to learn* (p. 211-230), New York, Plenum Press, 1985.

De Avila, E. *Multicultural improvement of cognitive abilities: Final report to State of California, Department of Education*, Stanford, CA, Stanford University School of Education, 1981.

De Avila, E. A. et Duncan, S. E. *Language assessment scales, level I*, 2nd ed., Corte Madera, CA, Linguametrics Group, 1977.

De Avila, E. A. et Duncan, S. E. *Finding Out/Descubrimiento*. Corte Madera, CA, Linguametrics Group, 1980.

Dembo, M. et McAuliffe, T. «Effects of perceived ability and grade status on social interaction and influence in cooperative groups», *Journal of Educational Psychology*, 79, 415-423, 1987.

Deutsch, M. «The effects of cooperation and competition upon group process». Dans D. Cartwright et A. Zander (Éd.), *Group dynamics* (p. 319-353), New York, Harper & Row, 1968.

Durling, R. et Shick, C. «Concept attainment by pairs and individuals as a function of vocalization», *Journal of Educational Psychology*, 68, 83-91, 1976.

Egan, K. et Marsing, D. *Teaching the whip kick using a multiability group*, manuscrit inédit, Stanford University, Stanford, CA, 1984.

Ehrlich, D. E. *Moving beyond cooperation: Developing science thinking in interdependent groups*, thèse de doctorat inédite, Stanford University, Stanford, CA, 1991.

Epstein, C. *Affective subjects in the classroom: Exploring race, sex and drugs*. Scranton, PA, Intext Educational Publications, 1972.

Faltis, C. J. et Merino, B. J. «Toward a definition of exemplary teachers in bilingual multicultural school settings». Dans R. V. Padilla et A. H. Benavides (Éd.), *Critical perspectives on bilingual education research* (p. 276-299), Tempe, AZ, Bilingual Press, 1992.

Gardner, H. *Frames of mind: The theory of multiple intelligences*. New York, Basic Books, 1983.

Gould, S. J. *La mal-mesure de l'homme: l'intelligence sous la toise des savants*, Paris, Ramsay, 1983 (trad. de *The Mismeasure of man*), New York, Norton, 1981).

Graves, T. et Graves, N. «Broken Circles», jeu, Santa Cruz, CA, 1985.

Graves, N. et Graves T. «Candida Graves: Complex Teamwork in Action», *Cooperative Learning*, 12, 12-16, 1991.

Hall, J. «Decisions, decisions, decisions», *Psychology Today*, 5, 51, 1971.

Hoffman, D. et Cohen, E. G. «An exploratory study to determine the effects of generalized performance expectations upon activity and influence of students engaged in a group simulation game», mémoire présenté à la American Educational Research Association, Chicago, 1972.

Huber, G. et Eppler, R. «Team learning in German classrooms: Processes and outcomes». Dans S. Sharan (Éd.), *Cooperative learning: Theory and research* (p. 151-171), New York, Praeger, 1990.

Hunter, E. *Encounter in the classroom: New ways of teaching*, New York, Holt, Rinehart & Winston, 1972.

Intili, J. K. *Structural conditions in the school that facilitate reflective decision-making*, thèse de doctorat inédite, Stanford University, Stanford, CA, 1977.

Johnson, D. et Johnson, R. «Classroom conflict: Controversy versus debate in learning groups», *American Educational Research Journal*, 22, 237-256, 1985.

Johnson, D. et Johnson, R. «Cooperative learning and achievement», Dans S. Sharan (Éd.), *Cooperative learning: Theory and research* (p. 23-37), New York, Praeger, 1990.

Johnson, D. et Johnson, R. «Encouraging thinking through constructive controversy». Dans N. Davidson et T. Worsham (Éd.), *Enhancing thinking through cooperative learning* (p. 120-137), New York, Teachers College Press, 1992.

Johnson, D., Johnson, R. et Maruyama, G. «Interdependence and interpersonal attraction among heterogeneous and homogeneous individuals: A theoretical formulation and a meta-analysis of the research», *Review of Educational Research*, 53, 5-54, 1983.

Johnson, D., Johnson, R. et Maruyama, G. «Goal interdependence and interpersonal attraction in heterogeneous classrooms: A meta-analysis». Dans N. Miller et M. Brewer (Éd.), *Groups in contact: The psychology of desegregation* (p. 187-212), Orlando, FLA, Academic Press, 1984.

Johnson, D. W., Maruyama, G., Johnson, R., Nelson, D. et Skon, L. «Effects of cooperative, competitive and individualistic goal structure on achievement: A meta-analysis», *Psychological Bulletin*, 89, 47-62, 1981.

Kerckhoff, A. C. «Effects of ability grouping in British secondary schools», *American Sociological Review*, 51, 842-858, 1986.

Kinney, K. et Leonard, M. *Groupwork lessons: Geometry*, manuscrit inédit, Stanford University, Stanford, CA, 1984.

Krashen, S. D. «Bilingual education and second language acquisition theory». Dans California State Department of Education, *Schooling and language minority students: A theoretical framework* (p. 51-79), Los Angeles, CA, Evaluation, Dissemination and Assessment Center, California State University, 1988.

Kreidler, W. N. *Creative conflict resolution*. Glenview, IL, Scott Foresman & Co., 1984.

Leal, A. *Sex inequities in classroom interaction: An evaluation of an intervention*, thèse de doctorat inédite, Stanford University, Stanford, CA, 1985.

Leechor, C. *How high achieving and low achieving students differentially benefit from working together in cooperative small groups*, thèse de doctorat inédite, Stanford University, Stanford, CA, 1988.

Lindholm, K. J. et Aclan, Z. «Bilingual proficiency as a bridge to academic achievement: Results from bilingual/immersion programs», *Journal of Education*. 173, 99-113, 1991.

Lockheed, M. S., Harris, A. M. et Nemceff, W. P. «Sex and social influence: Does sex function as a status characteristic in mixed-sex groups?», *Journal of Educational Psychology*, 75, 877-88, 1983.

Marquis, A. et Cooper, C. «Peer interaction and learning in cooperative settings», mémoire présenté à la Second International Conference on Cooperation in Education, Provo, UT, 1982.

McGroarty, M. «The benefits of cooperative learning arrangements in second language instruction», *National Association for Bilingual Association Journal*, 13 (2), 127-143, 1989.

McLaughlin, B. *School-age Children*, volume II de *Second-language acquisition in childhood*, Hillsdale, NJ, Lawrence Erlbaum, 1985.

Miller, N., Brewer, M. et Edwards, K. «Cooperative interaction in desegregated settings: A laboratory analogue», *Journal of Social Issues*, 41, 63-79, 1985.

Miller, N. et Harrington, H. J. «A situational identity perspective on cultural diversity and teamwork in the classroom». Dans S. Sharan (Éd.), *Cooperative learning: Theory and research* (p. 39-75), New York, Praeger, 1990.

Morris, R. *A normative intervention to equalize participation in task-oriented groups*, thèse de doctorat inédite, Stanford University, Stanford, CA, 1977.

Murray, F. «Acquisition of conversation through social interaction», *Developmental Psychology*, 6, 1-6, 1972.

National Commission on Social Studies in the Schools. *Charting a course: Social studies for the 21st century*, Washington, D.C., 1989.

National Council of Teachers of Mathematics. *Curriculum and evaluation standards for school mathematics*, Reston, VA, 1989.

Navarrete, C. *Finding Out/Descubrimiento: A developmental approach to language and culture in a bilingual elementary classroom*, manuscrit inédit, Stanford University, Stanford, CA, 1980.

Navarrete, C. *Problem resolution in small group interaction: A bilingual classroom study*, thèse de doctorat inédite, Stanford University, Stanford, CA, 1985.

Neves, A. *The effect of various input on the second language acquisition of Mexican American children in nine elementary school classrooms*, thèse de doctorat inédite, Stanford University, Stanford, CA, 1983.

Newmann, F. et Thompson, J. A. *Effects of cooperative learning on achievement in secondary schools: A summary of research*, Madison, WI, National Center on Effective Secondary Schools, University of Wisconsin-Madison, 1987.

Nystrand, M., Gamoran, A. et Heck, M. J. *Small groups in English: When do they help students and how are they best used?*, Madison, WI, Center on the Organization and Restructuring of Schools, University of Wisconsin-Madison, 1991.

Perrow, C. B. «A framework for the comparative analysis of organizations», *American Sociological Review*, 32, 194-208, 1961.

Pfeiffer, J. et Jones, F. E. *A handbook of structural experiences for human relations training*, vol. I, Iowa City, IA, University Associated Press, 1970.

Robbins, A. *Fostering equal-status interaction through the establishment of consistent staff behaviors and appropriate situational norms*, thèse de doctorat inédite, Stanford University, Stanford, CA, 1977.

Rosenberg, M. B. *A model for nonviolent communication*, Baltimore, PA, New Society Publishers, 1983.

Rosenholtz, S. J. *The multiple ability curriculum: An intervention against the self-fulfilling prophecy*, travaux inédits, Stanford University, Stanford, CA, 1977.

Rosenholtz, S. J. «Modifying status expectations in the traditional classroom». Dans J. Berger et M. Zelditch Jr. (Éd.), *Status, rewards, and influence* (p. 445-470), San Francisco, CA, Jossey Bass, 1985.

Rosenholtz, S. J. et Cohen, E. G. «Activating ethnic status». Dans J. Berger et M. Zelditch Jr. (Éd.), *Status, rewards, and influence* (p. 430-444), San Francisco, CA, Jossey Bass, 1985.

Rosenholtz, S. J. et Wilson, B. «The effects of classroom structure on shared perceptions of ability», *American Educational Research Journal*, 17, 175-82, 1980.

Schwartz, D. L., Black, J. B. et Strange, J. «Dyads have a fourfold advantage over individuals inducing abstract rules», mémoire présenté à la American Educational Research Association, Chicago, IL, 1991.

Sharan, S. et Hertz-Lazarowitz, R. «A group investigation method of cooperative learning in the classroom». Dans S. Sharan, A. P. Hare, C. Webb et R. Hertz-Lazarowitz (Éd.), *Contributions to the study of cooperative in education* (p. 19-46), Provo, UT, Brigham Young University Press, 1980.

Sharan, S., Hertz-Lazarowitz, R. et Ackerman, Z. «Academic achievement of elementary school children in small group versus whole-class instruction», *Journal of Experimental Education*, 48, 125-29, 1980.

Sharan, S., Kussell, P., Hertz-Lazarowitz, R., Begarano, Y., Raviv, S. et Sharan, Y. *Cooperative learning in the classroom: Research in desegregated schools*, Hillsdale, NJ, Lawrence Erlbaum, 1984.

Sharan, S. et Shachar, H. *Language and learning in the cooperative classroom*. New York, Springer-Verlag, 1988.

Sharan, Y. et Sharan, S. *Expanding cooperative learning through group investigation*, New York, Teachers College Press, 1992.

Slavin, R. E. *Cooperative learning*, New York, Longmann, 1983.

Slavin, R. E.«Ability grouping and student achievement in elementary schools: A best-evidence synthesis», *Review of Educational Research*, 57, 293-336, 1987.

Smith, K., Johnson, D. W. et Johnson, R. T. «Can conflict be constructive? Controversy versus concurrence seeking in learning groups», *Journal of Educational Psychology*, 73, 651-63, 1981.

Solomon, R. D., Davidson, N. et Solomon, E. C. L. «Some thinking skills and social skills that facilitate cooperative learning». Dans N. Davidson et T. Worsham (Éd.), *Enhancing thinking through cooperative learning* (p. 101-119), New York, Teachers College Press, 1992.

Sternberg, R. J. *Beyond IQ: A triarchic theory of human intelligence*, Cambridge, England, Cambridge University Press, 1985.

Tammivaara, J. «The effects of task structure on beliefs about competence and participation in small groups», *Sociology of Education*, 55, 212-22, 1982.

Tudge, J. «Vygotsky: The zone of proximal development and peer collaboration: Implications for classroom practice». Dans L. Moll (Éd.), *Vygotsky and education: Instructional implications and applications of sociohistorical psychology*, New York, Columbia University Press, 1990.

Webb, N. «Predicting learning from student interaction: Defining the interaction variable», *Educational Psychologist*, 18, 33-41, 1983.

Webb, N. «Task-related verbal interaction in mathematics learning in small groups», *Journal for Research in Mathematics Education*, 22, 366-389, 1991.

Webb, N., Ender, P. et Lewis, S. «Problem-solving strategies and group processes in small groups learning computer programming», *American Educational Research Journal*, 23, 243-251, 1986.

Wilcox, M. *Comparison of elementary school children's interaction in teacher-led and student-led small groups*, thèse de doctorat inédite, Stanford University, Stanford, CA, 1972.

Yager, S., Johnson, D. et Johnson, R. «Oral discussion, group-to-individual transfer and achievement in cooperative learning groups», *Journal of Educational Psychology*, 77, 60-66, 1985.

Zack, M. «Delegation of authority and the use of the student facilitator role», mémoire présenté à la International Association for the Study of Cooperation in Education, Shefayim, Israël, 1988.

INDEX

AUTRES TITRES

GESTION DE CLASSE

À livres ouverts	*Debbie Sturgeon*
Activités de lecture pour les élèves du primaire	2-89310-160-7
Être prof, moi j'aime ça!	*L. Arpin, L. Capra*
	2-89310-198-4
Quand revient septembre...	*Jacqueline Caron*
Guide sur la gestion de classe participative	2-89310-199-2
Construire une classe axée sur l'enfant	*S. Schwartz, M. Pollishuke*
	2-89310-049-X
Apprendre... c'est un beau jeu	*M. Baulu-MacWillie, R. Samson*
	2-89310-038-4
Vidéocassette	2-89310-038-4-V

APPRENTISSAGE COOPÉRATIF

Le travail de groupe	*Elizabeth G. Cohen*
Stratégies d'enseignement pour la classe hétérogène	2-89310-206-9
Le conseil de coopération	*Danielle Jasmin*
	2-89310-200-X
Vidéocassette	2-89310-200-X-V
Apprenons ensemble	*Judy Clarke et coll.*
L'apprentissage coopératif en groupes restreints	2-89310-048-1
L'apprentissage coopératif	*G. Trottier, G. Knox*
Apprendre à coopérer, coopérer pour apprendre	2-89310-171-2

MATHÉMATIQUES

La pensée critique en mathématiques	*Anita Harnadek*
	2-89310-201-8
Les mathématiques selon les normes du NCTM 9e à 12e année	
Un programme qui compte pour tous	2-89310-202-6
Analyse de données et statistiques	2-89310-204-2
Intégrer les mathématiques	2-89310-203-4
Géométrie sous tous les angles	2-89310-205-0
Interactions 1 et 2	*J. Hope, M. Small*
Les mathématiques et la littérature pour enfants	2-89310-183-6
Interactions 3 et 4	*J. Hope, M. Small*
Les mathématiques et la littérature pour enfants	2-89310-192-5

SCIENCES, TECHNOLOGIE ET ENVIRONNEMENT

Question d'expérience	*David Rowlands*
Activités de résolution de problèmes en sciences et en technologie	2-89310-169-0
L'éducation technologique	*Daniel Hupé*
	2-89310-207-7
La classe verte	*Adrienne Mason*
	2-89310-072-4

INTERCULTURALISME

Nous, on se ressemble *S. Bédard, M. Coutu-Cardin*
Ensemble 1er cycle 2-89310-195-X
Ensemble 2e cycle 2-89310-196-8

La classe interculturelle *Cindy Bailey*
Guide d'activités et de sensibilisation 2-89310-153-4

ÉVALUATION

Construire la réussite *R. J. Cornfield et coll.*
L'évaluation comme outil d'intervention 2-89310-071-6

Faire parler les mots *William T. Fagan*
Guide d'exploitation et guide d'évaluation 2-89310-115-1

POUR PLUS DE RENSEIGNEMENTS OU POUR COMMANDER, COMMUNIQUEZ AVEC NOTRE SERVICE À LA CLIENTÈLE AU (514) 273-1066

Chenelière
LES ÉDITIONS DE LA CHENELIÈRE INC.
215, rue Jean-Talon Est
Montréal (Québec)
Canada H2R 1S9
Téléphone: (514) 273-1066
Télécopieur: (514) 276-0324

« L'IMPRIMEUR »

• Cap-Saint-Ignace
• Sainte-Marie (Beauce)
Québec, Canada
1995